101个应该知道的
数学问题

〔美〕马克·泽维　凯文·塞格尔　那森·利威 **著**

单　桐　朱安琪 **译**

科学普及出版社

·北　京·

U0189502

图书在版编目（CIP）数据

101个应该知道的数学问题 /（美）泽维等著；单桐，朱安琪译 .
—北京：科学普及出版社，2018.1（2022.1 重印）

书名原文：*101 Things Everyone Should Know About Math*

ISBN 978-7-110-08914-9

I.①1··· II.①泽··· ②单··· ③朱··· III.①数学—普及读物 IV.① O1-49

中国版本图书馆 CIP 数据核字 (2015) 第 025630 号

Original title: *101 Things Everyone Should Know about Math*

Copyright © 2010 Marc Zev Kevin B Segal and Nathan Levy

Originally published in English in 2010 by Science,Naturally!, LLC

本书简体版通过成都锐拓传媒广告有限公司授权

著作权合同登记号：01-2012-8751

策划编辑	单　亭
责任编辑	彭慧元　崔家岭
装帧设计	中文天地
责任校对	王勤杰
责任印制	马宇晨

出　　版	科学普及出版社
发　　行	中国科学技术出版社发行部
地　　址	北京市海淀区中关村南大街16号
邮　　编	100081
发行电话	010-62173865
传　　真	010-62173081
网　　址	http://www.cspbooks.com.cn

开　　本	787mm×1092mm　1/16
字　　数	180千字
印　　张	14
版　　次	2018年1月第1版
印　　次	2022年1月第2次印刷
印　　刷	北京长宁印刷有限公司
书　　号	ISBN 978-7-110-08914-9 / O・185
定　　价	38.00元

致 谢

感谢杰克、乔纳森、本杰明，他们让我忙个不停，总是在挑战我，所有一切，让我变得很谦虚。

——马克·泽维

感谢雷切尔、阿比、丹尼尔，他们教会我许多东西，让我明白爱是无限的。还要感谢那些能够理解产生随机数也是很重要的，并非是偶然的人。

——凯文·塞格尔

感谢我的孙女，萨迪 ·麦圭尔和塔琳 ·科斯洛，两个充满活力的年轻女士影响了我的世界观，给了我许多正能量。我爱你们。

——那森·利威

目　录

问题

答案

前言：三个路径，一个目标

几年前，我创建了一个非营利组织，目的是教孩子们成为解决难题的高手。我经常遇到许多机构的领导和教育工作者，把这个创新学习基金介绍给他们。我花费了很多时间与他们交流。我常说："……解决问题……"，他们常常会问："你教数学吗？"于是，我不断地解释："不，我不教数学，我教解决问题的方法，这样可以解决许多难题。"在多年告诉人们我不教数学后，现在，我却写了一本教数学的书。

自己讽刺自己，我还是热爱数学！

虽然我的学术生涯起源于工程学科，但最后我还是写了这本关于数学的书。毕竟，工程学科是应用物理学，而物理是应用数学。我是这样认为的：工程学科就像一座建筑，它的基础构架是物理学，而建造这座建筑物的工具就是数学。没有工具，人们无法建造。我们还可以这样理解：一些人设计工具，一些人设计和构建框架，还有一些人，包括我本人，可以发挥两组人的优势来建造这些建筑物。

如果你也是这样认为的话，你很容易看到工具（组成数学的数字和公式）是非常重要的。你可以使用数学工具来建造房屋，但它不是唯一的。数学工具还可以用于许多许多领域中，从股票市场到农民的田地，从化妆品到汽车和飞机的制造。这就是为什么要让人们明白如何使用数学的重要性。无论你从事什么职业，数学会一直陪伴你，至少你要确保你的工资不会出现错误。

《101个应该知道的数学问题》不是一本数学竞赛书，它是一本献给数学爱好者的并以问答形式编排的书，通俗易懂，告诉读者现实生活中如何应用数学工具。我希望这本书不是为了解题而解题，而是告诉人们解决难题的策略和方法。

在学校里，学生是通过学习和练习多种解题方法来学习代数的。但在这本书中，作者告诉你代数和几何都是"狡猾的野兽"，它们生活在你想不到的许多地方。我们会帮助你发现这些地方，梳理出数学概念。当你学习和掌握了这些概念和模式时，你会在越来越多的地方看到它们，你过去不知道如何解决的问题就会迎刃而解。这本书将帮助读者掌握用什么工具来解决难题。

当你知道如何使用这些工具时，你就可以解决任何问题。我们未必都能成为数学家，但我们必须要掌握一些基本的数学知识，对我们今后的工作具有重大的意义。

当我写这本书的时候，我志愿去我儿子四年级的班级"客串"讲课。我带去了书中的一些难题，用我解题的方式与学生交流。我享受了一小时的时光，孩子们也同样享受。之后，我收到了一堆孩子们写来的感谢信。他们给了我许多赞美之词，我一直保留着这些信。一个女孩写道："我不太喜欢数学，但您让我觉得数学很有趣。"这意味着我达到目的了。一个男孩写道："用您的方法，我觉得数学没这么难。"这也是一个小胜利。最后一封信让我感触颇深。一个女孩告诉我，我让她看到了数学有趣的一面，这使我非常高兴。此外，她在一页纸的底部写着："$12 \times 12 = 264$"。我不敢肯定这是什么意思。但我能确定她自愿地学习数学是件好事情。当然这个女孩的计算是错误的，这也让我看到了还需要我教他们更多的方法来学习和掌握基本的数学概念和解题方法，鼓励所有年龄段的孩子热爱数学。

我希望让孩子们真正认识到学习数学不是件可怕和紧张的事情。相反，数学就是一个工具，像开瓶器、卷尺、血压计一样，数学可以让我们的生活变得更好。

我写这本书是想让人们变成解决问题的能手。知道如何使用数学工具解决难题是我的目的之一。写这本书还有一个目的就是为了我的孩子。我的两个儿子一直很骄傲地帮助我整理难题，能让孩子们感到骄傲的事都是伟大的事情。

马　克

我的名字叫凯文，我热爱数学。长大后，我没有足够的时间去学习数学了。我拥有自己的棒球训练营，经常会计算每只球队取胜的概率，决定我们球队的"神奇数字"，一个赛季中要进行 10 场比赛。我常常读着高速公路上的标识，计算达到每条街道的距离，看看这些分数能否加到一个整数。

对于我来说，数学不仅仅是数字的叠加，它是更有趣的东西。数学也不是看谁计算得快。数学的魅力在于它不仅有严谨的原理作为基础，而且可以产生创造力和直觉感。数学是科学的艺术。

当我是学生的时候，老师总是在说："让我看看你的作业。"取得答案的过程比答案本身更重要。不允许猜测，展示过程是唯一证明你理解概念的方法。创造性是通过不同的解题方案而产生的。

在商业界，情况却相反。答案是最重要的。尽管找到答案的创新是有价值的，但尽可能快地找到正确的答案被认为更为关键。只是必要时，才要求你提供取得答案的过程。同时，你必须自己找到答案，因为在书的后面不提供答案。

其实，我没有在营利企业工作的经历。像大多数学生一样，直接进入了校园，没有走入社会。在学校里，我十分喜欢数学，并开始专攻数学。10 年来，我拿到了两个数学学位，后来又读了 4 年期的博士学位，我仍然感到没有比数学更让我喜欢的东西了。后来，我又有 6 年的教授本科生数学课程的经历，这使我确信两件事情。一是教授给学生一些在课程标准中没有的解决难题的策略是件非常有趣的事情。另一件事就是需要有一个专职人员从事数学教育。我还不是很合适。

最终，我决定成为一名精算师。精算师要面对金融风险和许多不确定的因素。他们要帮助企业风险评估，并制定政策规避风险或将风险成本降至最低。对于数学功底好的人来说，也可以从事与数学相关的其他行业，如商业、法律、财务以及咨询。当然，也有一些流言说，精算师的工作很单调无趣。我一直想告诉所有年龄段的人，我从事的精算工作是非常有趣的，令人兴奋，它只是缺乏一点点创新性。

我所在的事务所，一直发生着变化。10 多年前，我就是一个"鼓捣数据的"。今天，我在做雇员培训。换一种说法，我又返回教师这个职业了。画了一个完整的圆。

凯　文

我们非常高兴，数学和科学发展能给我们带来惊喜。

以前，我们只是对问题感兴趣，常常让学生在令人生畏的数学丛林中搜寻答案。我们与迪亚·米歇尔斯合作出版了《101个应该知道的科学问题》，我们策划这类书的目的不仅是提出问题，而是根据学生对知识的需求回答问题。同时，我们还在探究一些共性问题："为什么我们需要知道这个？"（相信我，作为35年教龄的教师和校长，我听到太多这样的问题了）。《101个应该知道的科学问题》对教育工作者和家长也提供了有价值的帮助。

之后，我和马克·泽维、凯文·西格创作了一本解决难题的书——《101个应该知道的数学问题》。它对孩子们是一个挑战，并给教育工作者和家长提供了孩子应该掌握的一些基本数学知识。本书通过来自生活中的实例来帮助学生理解和解释他们尚未掌握的数学概念，让学生通过实践来学习，把数学从枯燥无味变成实用的工具。

《101个应该知道的数学问题》一书强调在学习数学概念时要有批评性和创新精神，允许学生有自己的想法。最后我还要强调的是，我们希望能与世界其他国家的同行共享我们的探索和研究。我们的出版物提供了这种交流的桥梁，我们还出版了《创造力与日俱增》(*Creativity Day by Day*)、《训练头脑的思维与写作》(*Thinking and Writing Activities for the Brain*)和《孔的故事》(*Stories with Holes*)。我非常骄傲这本书能走向世界。

那 森

"我认为您应该把第二步讲得更清楚些。"

如何使用这本书

本书的特点就是趣味性。

你可以在几分钟内回答出大多数问题。即使你可以使用心算答题，但你可能还是喜欢把笔和纸都准备好。记下你的思路会对你的思考大有益处。在本书中，虽然你可以以任何顺序开始做题，但是从第一章开始会对你大有帮助。"事实，关于数学事实的问题"一章节可以作为做题的热身，因为这章节中所学到的知识在后面的章节中也会被用到，这前后呼应的方式将帮助你牢固掌握数学技能。

许多人对学习数学发怵，这是因为我们没有向他们解释清楚数学是如何被广泛地应用于我们的日常生活中的。在本书中，我们给出了许多实例让学生理解数学概念，并帮助他们解决经常遇到的难题。学生们还可以学到快速解题的技能。

仔细审题，整理自己的思路，快速解题。当你回看答案时，要花些时间弄明白解题的思路，如何破解难题。当你明白这一点的时候，我们希望你能看到问题与答案之间的联系，并将你所学到的数学知识应用在实际生活中。如果你做到这一点，你就做了一件伟大的事情。

学习数学是多么的有趣！

事实，关于数学事实的问题

F+A+C+T+S=

尽你所能回答本书提出的各个问题，之后在"答案"部分检查回答得正确与否。这部分问题的答案从第 65 页开始。

1. 简单的 π

在 3 月 14 日那天，艾伯特的学校庆祝圆周率日（π 节），学校举办了与圆周率相关的各项活动。在活动中，同学们可以买到各种各样的派（与 π 同音）。各种派的价格定多少美元合适呢？

A. 1.43 美元   C. 3.14 美元

B. 2.31 美元   D. 4.44 美元

2. 让我们学习乘方

15 的平方是多少？

提示：一个数的平方是这个数乘以它自己。它的符号是在数的右上角写上偏小的"2"；x 的平方就被写作 x^2。例如，3 的平方被写作 3^2。14 的平方被写作 14^2，（14×14）是 196，16 的平方被写作 16^2，（16×16）是 256。

3. 质数

奥格去打猎，但没有捕到任何东西回家。于是，纳图格让他去肉铺买一些肋骨回来。奥格带回了 4 袋肋骨，每袋的肋骨数量各不相同，4 袋肋骨里面装的数量分别为：

A 袋：2 根   C 袋：4 根

B 袋：3 根   D 袋：5 根

纳图格生气地说："我让你去肉铺，要求每袋装的肋骨数应该都是质数，而你买回的其中一个袋里面的肋骨数不是质数，是合数。再回去把这袋肋骨数换成是质数的！"

让纳图格生气的是哪袋呢？

提示：质数是除了 1 和它本身之外，不能被其他数整除的正整数；合数是除了质数以外的数，即除了 1 和它本身以外，还有其他的因数的正整数。区别在于因数的个数，质数只有 2 个因数，合数有多于 2 个因数。1 既不是质数，也不是合数。

4. 遵循运算规则

解下列式子：$7 \times 3 + 2 \div 4 - 2^2 \times (6-1)^2 =$

提示：这道题的要点是知道先做哪些计算，也就是说要知道计算的顺序。在算术和代数中，计算的顺序要依据一定的法则。这些运算规则也用于大部分程序语言，还用于现代人们使用的计算工具。

5. 做出选择

107 乘以 23 得多少?

A. 1811 C. 2461

B. 1986 D. 2593

提示: 通常当一个乘法的答案给出来时(就像是这道题),你可以从 4 个选项里排除一到两个而使它变得更简单。最简单的方法是计算出答案应该是奇数还是偶数。如果乘数都是奇数,那么答案也是奇数。否则,答案都是偶数。

6. 钻头问题

乔尼有一个 $\frac{3}{8}$ 英寸粗细的线,想用它来穿过一块木头上的洞。他想让这个洞越小越好,却能让线轻松地穿过。但是,他的钻头直径的单位都是毫米。他需要用多少毫米的钻头呢?

A. 5 毫米 C. 15 毫米

B. 10 毫米 D. 20 毫米

7. 快速计算

25 乘以 19 得多少?

8. 事实与图形

把左边的几何图形和右边对应它的正确名字连线。

A.	1. 锐角
B.	2. 线段
C.	3. 直角
D.	4. 射线
E.	5. 钝角
F.	6. 直线

9. 多边形的名称

多边形（来源于希腊文，意思是"很多个角"）由在同一个平面的一些线段首尾连接组成。这些线段成为这个多边形的边或棱，线段的两端即为多边形的顶点，也是多边形的角。

这是从 3 边形到 10 边形的名称。请把这些名字以变数从小到大进行排列。

A. 十边形   E. 七边形

B. 八边形   F. 九边形

C. 三角形   G. 六边形

D. 五边形   H. 四边形

10. 多边形的面积（1）

把这些规则图形（圆和正多边形）按面积从小到大进行排列。

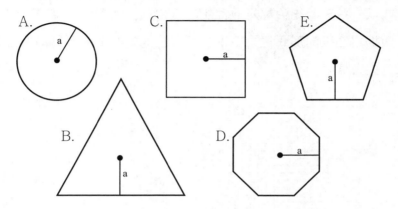

11. 多边形的面积（2）

把这些规则图形（圆和正多边形）按面积从小到大进行排列。

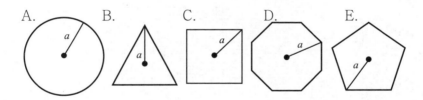

12. 给我一张明信片

我的九年级代数老师罗恩斯先生有个特殊的相框，它长3英尺、宽2英尺，里面放的是学生假期去旅游送他的明信片。每张明信片都是宽4英寸、长6英寸，并且没有重叠。罗恩斯先生想把这些明信片横着或竖着放在相框里，他最多可以挂多少张明信片呢？（1英尺=12英寸）

13. 伟大的南瓜

作为科学实验的一部分，哈比伯在不同的土壤里分别种了两个南瓜。每天哈比伯都对他种的南瓜称重，并测量其直径，然后将数据用图表的形式记录下来。那么，他需要下列哪种图形去记录这些数据呢？

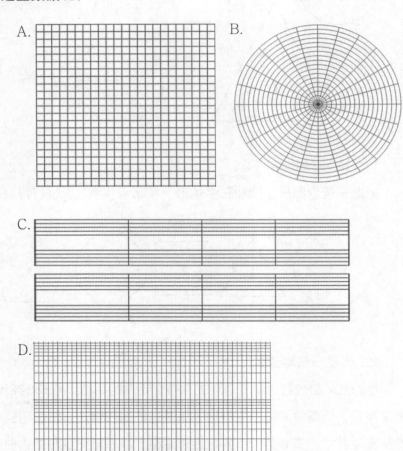

14. 在月球上面

宇航员斯宾塞正乘坐宇宙飞船在无风的月球上空 1000 米的地方以 30 千米 / 时的速度飞行。他扔下了一个标记以便下次经过的时候提醒他来过这里。从站在月球表面的视角来看，图中哪个轨迹最可能是这个标记下落到月球表面的轨迹呢？

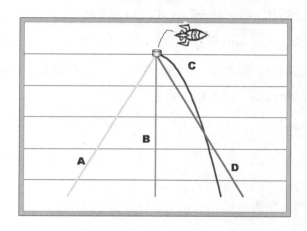

15. 代数之父

谁被认为是"代数之父"？

    A. 穆罕穆德·伊本·穆萨·花拉子米

    B. 欧几里得

    C. 戈特弗里德·威廉·莱布尼茨

    D. 莱昂哈德·欧拉

提示：代数的英文"algebra"是来自阿拉伯的词汇："al-jabr"。

16. 论证

正确还是错误：下面证明了 $1 = 2$：

假设 $a = b$

两边都乘以 b 得到 $ab = b^2$

两边都减去 a^2 得到 $ab - a^2 = b^2 - a^2$

把两边简化   得到 $a(b - a) = (b + a)(b - a)$

两边约去 $(b - a)$ 得到 $a = b + a$

把 b 换成 a，因为 $a = b$ 得到 $a = a + a$ 也就是 $a = 2a$

两边都除以 a 得到 $1 = 2$

健康、食品和营养问题

这部分问题的答案从第 83 页开始。

17. π 和派

艾伯特喜欢吃派，他计划在学校的庆祝圆周率节（π 节）上尝试各种风味的派。唯一的问题是艾伯特的妈妈只让他吃四分之一派。艾伯特的钱可以买想要吃的各种派。但是，由于不是所有口味的派都切成了相同数量的块数，所以他很难做出选择。

各种风味的派可以被切成的块数：

派	块数
草莓	6
苹果	8
樱桃	10
巧克力奶油	10
奶油香蕉	12
柠檬蛋白	12
波士顿奶油	16
奶油椰子	16

那么，艾伯特最多可以买多少块不同口味的派，且最终加起来不超过相当于四分之一派呢？

提示：选择块数最多的派，这些块一定是最小的。

18. 精美的饼干

伊纳娜要参加一个晚会，准备要做她拿手的字母饼干。为了确保参加晚会的所有人都可以吃到一块饼干，她需要做 1.5 炉。事情进展得很顺利，但用料上每炉饼干需要三分之一杯的黄油。伊纳娜只有下列分数的测量杯：八分之一、四分之一、三分之一、二分之一和一整杯。

那么，伊纳娜可以用她现有的量杯测量出需要正确数量的黄油吗？

19. 半炉饼干

在另一个晚会上，伊纳娜决定再次做字母饼干，但这次只需要烤半炉。准备好后，她遇到了与上次同样的问题，烤一炉需要三分之一杯的黄油。但伊纳娜只有八分之一、四分之一、三分之一、二分之一和一整杯的量杯。

请问伊纳娜可以通过量杯称出精确的黄油数量吗？

20. 盘子组合

一种蛋糕的制作方法上说：需要把面糊放入两个直径为 8 英寸的圆盘里。如果你手头没有这样大小的盘子，在下列选项中，哪组盘子能作为替代品呢？

A. 两个 8 英寸的方形盘子

B. 一个 9 英寸的方形盘子

C. 一个 9 英寸 ×13 英寸的长方形盘子

D. 三个 8 英寸 ×4 英寸的长方形盘子

21. 大小棉花糖

一个食谱上说需要 5 杯（大约 72 立方英寸）量具来放入大棉花糖。不幸的是，你只有迷你棉花糖。所有的棉花糖都正好是圆柱体。大棉花糖直径为 1 英寸、高 1 英寸。迷你棉花糖直径为 $\frac{1}{2}$ 英寸，高 $\frac{1}{2}$ 英寸。如果你把 5 杯迷你棉花糖倒入一个 8 英寸 ×9 英寸 ×1 英寸的长方体盘子里且并不挤压这些棉花糖，那么，你最可能看到：

A. 放入更多的迷你棉花糖

B. 放入更少的迷你棉花糖

C. 放入相同体积的棉花糖

22. 长青春痘

乔丹正处于青少年时期，他每天早晨醒来，有 25% 的概率至少长一个青春痘。对于乔丹来说，他脸上的青春痘需要两天时间才能消退。如果在周四乔丹没有长青春痘，那么，周六晚上乔丹至少长一个青春痘的概率是多大呢？

A. 0%　　　　　　　　C. 88%

B. 44%　　　　　　　　D. 100%

提示：这道题看起来难，但是对于乔丹来说没有长青春痘的可能性是容易计算的。解题的关键是：至少长一个青春痘的反义是没长青春痘。

23. 蟋蟀的热量

你正在一个偏远的热带小岛上拍摄电视节目，发现缺少足够的热量，面临生存挑战。为了生存，你决定去找一些平常看起来不能吃的食物去补充热量。在岛上有大量的昆虫，也许你需要吃一些蟋蟀来补充热量。

100 克蟋蟀里面有多少卡路里的热量呢?

A. 1727 卡路里

B. 121.5 卡路里

C. 179.5 卡路里

每 100 克不同昆虫的营养值表			
昆虫	蛋白质（克）	脂肪（克）	碳水化合物（克）
巨型水虫	19.8	8.3	2.1
红火蚁	13.9	3.5	2.9
蚕蛹	9.6	5.6	2.3
蜣螂	17.2	4.3	0.2
蟋蟀	12.9	5.5	5.1
大蝗虫	20.6	6.1	3.9
小蝗虫	14.3	3.3	2.2
六月甲虫	13.4	1.4	2.9
毛毛虫	6.7	N/A	N/A
白蚁	14.2	N/A	N/A
象鼻虫	6.7	N/A	N/A
数据来自 1996 年 7 月出版的《食昆虫学报》和梅·拜尔伯姆著的《昆虫系统》。			

提示：计算昆虫热量的公式：热量 $= 4 \times$（碳水化合物 ＋ 蛋白质）$+ 9 \times$ 脂肪，其中蛋白质、碳水化合物和脂肪在上述表中可以查到。

24. 继续昆虫的话题

接着上次的探险，你发现有一些别的食物可以代替蟋蟀。你发现了一只大的红火蚁巢、一只白蚁巢和无数只六月甲虫。用第23题中的食物营养值表决定哪种食物可以给你提供更多的热量。

A. 红火蚁　　　　　　B. 白蚁　　　　　　C. 六月甲虫

提示：你可以不用计算得出答案。看这个公式：热量 = 4×（碳水化合物 + 蛋白质）+ 9× 脂肪。要注意到脂肪数量的多少是最重要的决定因素。

25. 比萨套餐（1）

22 个饥饿的橄榄球运动员来你家做客，你要去外面给他们买些比萨。比萨由脆皮、奶酪和顶部配料组成。他们不在意吃到哪种，只在乎不要吃到与别人相同的。你有 3 家比萨店可以选择：

• 卡斯妈妈——他们有 1 种脆皮、1 种奶酪和 18 种顶部配料；

• 微醉屋——他们有 2 种脆皮、2 种奶酪和 5 种顶部配料；

• 比萨小棚——他们有 3 种脆皮、3 种奶酪和 3 种顶部配料。

你会选择哪家店呢？

　　A. 卡斯妈妈

　　B. 微醉屋

　　C. 比萨小棚

　　D. 不幸运，没有地方可以满足你的要求

26. 比萨套餐（2）

明显地，一个比萨并不够吃。你被派去比萨店买尽量多的带有两种顶部配料的比萨（一种比萨上面必须有两种顶部配料）。这次你会选哪家店呢？

A. 卡斯妈妈　　　　　C. 比萨小棚

B. 微醉屋　　　　　　D. 没有这么多饥饿运动员的另一所学校

27. 面团男孩

沃尔夫正在做面包。他将面粉、水、酵母粉等所有配料搅匀后，形成了一个 4 个杯子大小的面团。他把这些面团放到一个大盘里并盖好，放到温暖的地方使其发酵。当这些面团的体积变为原先的两倍后，沃尔夫把它们揉扁，从而使它们的体积少了三分之一。在放入烤箱之前，他再次使面团的体积加倍。

他需要一个多大的盘才能使这些面团不超过顶部或溢出呢？

A. 1 夸脱　　　　　　C. $\frac{1}{2}$ 加仑

B. 6 品脱　　　　　　D. 75 盎司

提示：先要搞清楚发酵面粉多次发酵后，面团的体积有多少杯大小。然后再把杯换算成其他计量单位。（1 夸脱 = 2 品脱，1 加仑 = 4 夸脱，1 杯 = 8 盎司，1 品脱 = 2 杯）

28. 糖和配料

农场主卡比波拉以做热巧克力闻名。每当他做一杯热巧克力的时候，他用 $1\frac{1}{3}$ 勺无糖可可粉、3 勺糖、$\frac{1}{2}$ 勺特制农场调料和

1 杯秘制的奶、奶油、香草和热水的混合物。

当地的一所高中想让他帮忙做 100 杯热巧克力，作为比赛的筹办方，可以拿这些热巧克力在学校的橄榄球比赛中售卖。

请问农场主卡比波拉做 100 杯热巧克力需要多少可可粉呢？（1 杯 = 16 勺）

A. $3\frac{1}{2}$ 杯   C. $8\frac{1}{3}$ 杯

B. $5\frac{3}{4}$ 杯   D. 10 杯

29. 吃药

每天早上，赞德先生需要吃 100 毫克的药。吃完药后，药物立即进入身体里发挥其功效。此外，人体会将一些外来物排除体外，包括所吃的药物。在 24 小时内，赞德的体内将消耗 40% 的药量。赞德每天早上 8 点钟吃药。如果他第一次吃药是在星期一的早上，那么，星期三的早上，在他没吃药之前，他的体内还存有多少毫克的药量呢？

A. 64 毫克   C. 128 毫克

B. 96 毫克

30. 体重指数

体重指数（BMI）是通过一个公式得出：用人的体重除以身高的平方。身体健康的体重指数范围为 18.5 ～ 25。体重指数公式为：

$$体重指数 = \frac{体重（千克）}{身高（米）\times 身高（米）}$$

这是以公制单位（千克/平方米）来计算的。在美国，人们仍习惯用磅来计算体重，用英尺来计算身高。如果我们用英制单位去测量体重指数从而代替公制单位，那么体重指数的值也将被替换。

　　请问如果用磅和英尺作为单位计算一个健康人体体重指数，相对于原来的数值会变高还是变低呢？

旅游问题

这部分问题的答案从第 99 页开始。

31. 灰灯泡竞赛

灰灯泡赛车公司组织了一场环球飞行比赛。为了避免相互碰撞，他们计划每架飞机在相同的经线上起飞，但纬度是不同的。驾驶员必须在自己所在的纬线上绕地球飞行一周。随机抽签后，你是第一个选择飞行纬度的驾驶员。那么，你选择哪条纬线呢？

A. 45° S   C. 30° N

B. 0°   D. 60° N

提示： 纬线自东向西延伸，平行于赤道（0°纬线）。经线是连接南北两极并垂直于纬线的半圆，它们相交于南北两极点。0°经线又被叫作本初子午线。为了记住经度和纬度的不同，我们可以把纬线看作灯笼的横格，经线看作竖格。

纬线

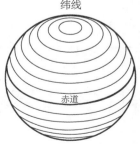

经线

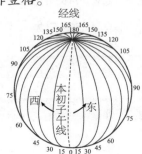

32. 时区划分

美国大陆分为 4 个时区：太平洋时区、山地时区、中部时区和东部时区。全世界分为 24 个时区。基于时区规则，如果你可以计算出美国大陆跨越多少经度，那么，你可以计算出从加利福尼亚州到缅因州跨越多少经度吗？

A. 5° ~ 25°   C. 60° ~ 90°

B. 30° ~ 60°

提示：全球 360°，分 24 个时区。理想上说，每个时区由 360° ÷ 24 =15° 构成。

33. 同时间的旅行

露易丝坐飞机出差从肯塔基州路易斯维尔到密苏里州圣路易斯。当飞机起飞时，她注意到时间是下午 1：00。在飞机降落之前，露易丝一直在玩数独游戏。这时，乘务员广播："先生们、女士们，欢迎大家来到圣路易斯。现在是当地时间下午 1：00。"露易丝确信乘务员没有播报错时间，确实没错，是下午 1：00。这是怎么回事呢？

34. 飞往佛罗里达州

格伦想要从加利福尼亚州洛杉矶飞往佛罗里达州奥兰多去看春季棒球训练。他的机票是这样的：

出发			到达	
3月11日	洛杉矶	11：00 a.m.	奥兰多	7：00 p.m.
3月18日	奥兰多	11：00 a.m.	洛杉矶	1：00 p.m.

格伦注意到从加利福尼亚州到佛罗里达州飞行需要 8 个小时，但是返程却只用了两个小时。这是怎么回事呢？

35. 买车票

马娅每个工作日都要乘火车去上班，她很少缺勤。在通常的月份，马娅可以花费 25 美元买一张往返车票，花 70 美元买一张套票（5 张往返车票），花 240 美元买一张月票。在 12 月份，月票会优惠 25%。工作了一整年，马娅想在 12 月份休假。结果，这个月她将只工作 8 天。那么，马娅买哪种票划算呢？

36. 去了再回来

扎克的家离学校有 1 英里远。从家到学校，他骑行需要 15 分钟，而他骑车回家只用 5 分钟。请问扎克的平均骑行速度是多少？

A. 4 英里 / 时   C. 8 英里 / 时

B. 6 英里 / 时   D. 12 英里 / 时

37. 带我准时到学校

你正在骑车去学校，从家到学校路程大约 10 英里。你必须每小时骑行 10 英里才能准时到校。当骑到一半路程时，你发现你现在的速度是 5 英里 / 时。那么剩余的半程，你需要骑行多快才能准时到校呢？

A. 15 英里 / 时   C. 30 英里 / 时

B. 20 英里 / 时   D. 你不可能准时到校

38. 平均油耗

杰西卡开了一辆新型混动车，这辆车可以自动记录汽油的消耗，即：每加仑油行驶多少英里。杰西卡知道油量消耗率与车速和车辆是否上坡或下坡有关。在通常情况下，杰西卡平均油耗为50英里/加仑。

有一天，杰西卡从家开车到海边旅行，路程是50英里，她注意到她车的耗油量却是40英里/加仑。杰西卡还是想让她的车到达通常的平均耗油量（50英里/加仑）。于是，在返程的路上，杰西卡按原路行驶，并将车的耗油量开到60英里/加仑。然而，当她到家后，她发现往返总路程的平均耗油量并不是50英里/加仑，而是48英里/加仑。这是为什么呢？

39. 车链

鲍勃有一辆新的山地自行车，这辆车前面有3条车链，后面有6条车链。前后车链大小各不相同。鲍勃可以使用各种车链的组合来给自行车挂"档"。档位可以帮助他调节车速，更好地上坡或下坡。请问这辆自行车有多少种档位呢？

40. 登月

格兰德·芬威克国想要沿着月球赤道开展探索研究。他们雇佣灰灯航天公司建造的一艘强动力火箭到达月球。登陆者到达月球后，宇航员开始探索这一区域，然后沿着赤道移动100英里到达另一个地点。

灰灯航天公司告诉格兰德·芬威克国空间站，为了节约经费且避免出现复杂情况，登月飞船不能侧向飞行，必须直行。如果他们想要改变探索区域，必须乘坐飞船，随着月球的自转方向飞行，最终在新的地点着陆。

根据灰灯航天公司的计算，月球赤道周长是 5600 英里，月球旋转的周期（以月球轴心为基准旋转一周）是 28 天。如果灰灯航天公司的理论和数据是正确的话，宇航员从起飞到降落在 100 英里外需要多长时间？

提示：如果月球赤道周长是 5600 英里的话，100 英里就是月球赤道周长的 $\frac{1}{56}$。如果月球以其轴心为基准自转一周为 28 天的话，自转一天转过的路程为 $\frac{5600}{28} = 200$ 英里。于是，你可以计算出飞行周长的 $\frac{1}{56}$ 所用的时间就是一天的一半。

41. 六月昆虫

斯泰西、特蕾茜、梅茜和克莱德一起创建了六月昆虫乐队。他们乘坐斯泰西的车从一个城市到另一个城市进行演出。斯泰西的车每加仑跑 15 英里。

他们的经纪人为他们在周六的晚上安排了两场演出。一场是在距离 15 英里远的 A 城市音乐厅，收入 200 美元。另一场安排在 150 英里外 B 城市的一个歌厅，收入 300 美元。需要考虑两个因素：经纪人的费用是他们收入的 10%，汽油费是 3 美元 / 加仑。

对于六月昆虫乐队来说，上述两场演出，哪场更值呢？

42. 周游世界

当费德纳得·马戈林首次环游世界时，在他航行的船上需要带上 18 个沙漏。

马戈林设计的沙漏分别可以计量30分钟、1小时、2小时和4小时。所有的沙漏大小都是相同的，但每一个都有不同量的沙子来计量时间。

　　想象一下这个沙漏由两个玻璃圆锥体点对点连在一起。为了让沙子顺畅地流动，沙子需要被放置至少2英寸高，但不能超过圆锥体长度的$\frac{3}{4}$。请问：每个圆锥体沙漏最少要多高呢?

A. 3 英寸

C. $5\frac{1}{3}$ 英寸

B. $4\frac{1}{2}$ 英寸

D. 7 英寸

　　提示：想象一下把一些沙子放在一个圆锥体中。设沙子达到的高度是 h，沙子的体积是 V。现在再想象一下加一些沙子使得沙子的高度增加一倍（$2h$），形成一定量的体积，此时的体积应为 2^3V 或 $8V$。

圆锥体的体积公式：

$$V = \frac{1}{3}\pi r^2 h$$

娱乐和体育问题

这部分问题的答案从第 113 页开始。

43. 史蒂夫、史蒂夫、史蒂夫、玛丽、史蒂夫

5 个朋友分别叫史蒂夫、史蒂夫、史蒂夫、玛丽、史蒂夫，他们一起去打棒球。5 个中的一个人接住了一个界外球。那么请问史蒂夫接到球和没接到球的概率比是多少？

A. 5：1   C. 4：1

B. 1：5   D. 1：4

44. 足球队员

丹尼尔在当地一个叫"周六狂"的足球队踢联赛，队里有 10 名队员。但每次比赛只能有 8 名队员上场。教练总是随机让队员上场。请问丹尼尔上不了场的概率是多少？

45. 循环赛

在一个足球联赛里，共有 10 支球队。他们要进行单循环赛，也就是每一支球队都要与另外的 9 支球队打一场比赛。每场比赛赢的球队会得到 3 分；如果打成平局，每支球队得到 1 分；输掉比赛的球队不得分。

还剩三场比赛的时候，积分靠前的 4 支球队分别是哈密瓜队、斑马队、犰狳队和海狸队。下面是他们的得分：

排名	球队	积分
1	哈密瓜队	21
2	斑马队	17
3	犰狳队	15
4	海狸队	14

假设哈密瓜队最后三场比赛都没有输球，他们或是赢了或是平局。请问海狸队能够凭借后面的优异表现从而赢得整个系列赛的冠军吗？

46. 棒球的击球率

乔·斯拉格是米德维尔那茵棒球队的队员。在 200 次击球中，乔平均打中球的概率为 0.25。平均击球率等于打中球的次数除以击打的次数。在接下来的 100 次击打中，他需要打中多少次才能将平均击打率提升到 0.3 呢？

47. 打球！

莱恩和杰里米完成了他们这个棒球赛季的前两场比赛。这是他们前两场比赛的统计数据。

	莱恩		杰里米	
	打中数 / 总击打数	平均击打率	打中数 / 总击打数	平均击打率
第一场	$\frac{3}{7}$	0.429	$\frac{1}{2}$	0.5
第二场	$\frac{1}{4}$	0.25	$\frac{2}{7}$	0.286

综合两场比赛，谁的平均击打率比较高呢？

48. 巧妙的锁

为了防止自行车被偷，兰斯骑车去商店买了把车锁。这把锁是拥有 4 个可转轮的组合锁，每个转轮可选择数字 0 到 9。如果 4 个转轮的数字都对上了，锁就被打开了。

由于兰斯记忆力不好，他忘记了自己设置的密码，所以我们要帮助他想起来这把转轮组合锁的密码。他只记得使用过 2，4，6，8 四个数字，并没重复使用，是随机设置的密码。因此，我们最多要试多少次才能帮助兰斯把锁打开呢？

49. 灌篮高手

64 支篮球队进入到了季后赛。球队输了，就会被淘汰，直至剩下最后一支球队。那么，最少需要多少场比赛才能决出这个胜利的球队呢？

50. 超级短跑运动员

世界级短跑运动员阿利森·弗里费特 100 米成绩为 10 秒左右。如果阿利森保持这个速度跑完一个完整马拉松（42.195 千米），大约需要多长时间呢？

A. 10 分钟   C. 3 小时

B. 1 小时   D. 6 小时

51. 完美分数

把下列运动的满分进行配对：

A）300   1）越野比赛

B）180   2）保龄球

C）15   3）棒球

D）完封   4）飞镖

52. 网球发球

一位职业网球手发球速率可达 120～150 英里／时。莎莉刚刚开始学习网球，所以她发球只能达到 80 英里／时（120英尺／秒）。网球中，比赛双方中一方发球，球落在有效区内，但对方没有触及球而直接得分，叫 ace 球。通常，一个 ace 球会飞过约 80 英尺落在对方球场的角落上。如果莎莉离地面 7 英尺发球，她想赢球的最佳发球轨迹是什么角度呢？

  A. 向上倾斜   C. 向下倾斜

  B. 水平

53. 大三元

在 Monopoly 游戏中，你可以一次掷两个骰子，根据骰子的总数移动相应的空格数。如果你掷的两个骰子点数一致，那么你可以再掷一次。如果你连续掷了三次，每次两个骰子点数都一致，那么，你会被直接送进监狱，这意味着你不能走了，且不能得到 200 美元。这件事情发生的概率有多大呢？

  A. $\dfrac{1}{6}$ C. $\dfrac{1}{216}$

  B. $\dfrac{1}{36}$ D. $\dfrac{1}{1000000}$

提示： 首先，你要算出第一次掷的骰子点数相同的概率。

经济问题

这部分问题的答案从第 127 页开始。

54. 节省和存钱

判断下列描述是对还是错：

你的父亲同意帮你存钱买一个棒球拍。拍子需要 100 美元。你父亲同意资助你挣到钱的 10%。你通过辛苦工作挣到了 90 美元。加上你父亲的资助，你有足够的钱去买那个拍子。

55. 一个好的投资

作为一个灰灯泡厂的员工，你有机会将你努力赚到的钱投资到工厂的一些投资项目中。这些投资项目都是每五年一个周期。灰灯泡厂的经济专家给员工提供了 3 种可选择的投资方式。你的投资回报是一个投资年数（Y）的等式，每五年一个周期。下面是投资增长的等式。下列哪种方式会在一个周期内得到最多回报呢？

    A. 线性增长：$35Y$

    B. 三次方增长：Y^3

    C. 指数增长：2^Y

56. 房地产事物

三个房地产经纪人合伙开办了一家公司。经过一段时间，他们每个人都将他们销售房子的业绩做了海报贴在墙上。三张图表代表了他们各自在同一个时期内房屋销售数目的精确数值。如果你决定去卖掉你的房子，并想选择他们三个当中的一个人作为你的代理。基于这些销售数值，你认为哪个房产经纪人是最好的选择呢？

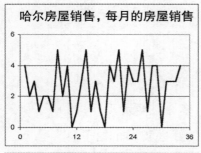

哈尔房屋销售，每月的房屋销售

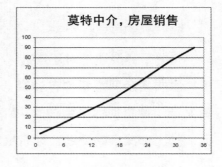

莫特中介，房屋销售

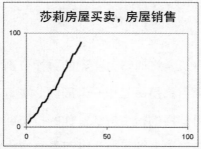

莎莉房屋买卖，房屋销售

57. 检查电子商务

朱利欧攒钱准备买部最新的游戏机 PONG 8000。像许多精明的顾客一样，朱利欧在决定花掉他一整年的存款之前，在网上做了一个价格分析。最终，他决定在 3 家店中选一家购买这部游戏机。欧姆商场是一家地面店，覆盖和我们卖世界都是网店。基于下面的图表，哪家店的价格最合适呢？

店名	价格	折扣	销售税	运费	到达时间
欧姆商店	260 美元	–	10%	–	自取
覆盖	255 美元	–	–	25 美元	5 ~ 7 天
我们卖世界	250 美元	5%（网购）	10%	20 美元	2 ~ 3 天

58. 土拨鼠查克

吉尔斯看到报纸上有条广告，一家商店五折销售土拨鼠喜欢啃的木头。这对于吉尔斯来说是个好消息，因为他知道他的土拨鼠查克是多么地喜欢啃木头。在这家店里，吉尔斯找到了土拨鼠最喜欢啃的木头（当然是枫树木），这种木头在最低价格上再给一张额外的五折优惠卡。收银员告诉他，优惠 50% + 50% = 100%，所以这袋木头就不要钱了。收银员说得对吗？

59. 购买 DVD

艾宝妮想要买一些新的 DVD 光盘。 幸运的是，丹迪戴夫 DVD 光盘商店正好有促销活动。买一张打八折，买两张，每张打七折，买 3 张以上，每张打六折。艾宝妮看到了 5 张她喜欢的 DVD 光盘，但是她只有 25 美元的礼品卡。当购买的时候，她需要加上 5% 的税和用礼品卡每消费一笔收取 1.5 美元的手续费。按下面的价格表，在 25 美元的预算下，艾宝妮最多能买到多少张 DVD 呢？

DVD 光盘	价格
猎兔传奇	15 美元
软奶酪	15 美元
白夜	20 美元
群众	20 美元
神遣之日	25 美元

60. 花生神童

在格佛村，杂货店被要求不仅要列出货架上产品的价格，还要列出产品的单价。产品的单价可以帮助客户快速找出哪种包装价格更便宜。

有一天，爱丽娜去瑟夫杂货店买花生。在货架上，她看到"格佛好"牌花生和它的价签。

单价 每盎司 13.7 美分	格佛好花生 **4.37 美元** 32 盎司包装

挨着"格佛好"牌花生，她又看到了"常规吉尔"牌花生和它的价签。

单价 每盒 24.84 美元	常规吉尔花生 **2.07 美元** 16 盎司包装

买哪个牌子的花生更划算呢？

提示：一个价签的单位价格有错误。

61. 为冰激凌尖叫

奥格和尼德霍格一起去洛克斯公司取 55 加仑 / 桶他们最喜欢的冰激凌（当然少不了石板街冰淇淋）。他们计划开一个冰激凌商店，把冰激凌分成 4 盎司一份，售价每份 50 美分。他们购买冰激凌需要支付 220 美元，冰激凌的筒不用付钱。如果他们把购买的冰激凌都卖出去，他们能够得到多少利润呢？

A. 他们会亏本
B. 180 美元
C. 660 美元
D. 1100 美元

62. 小费

在谷伯村，人们在餐馆吃饭需要加收 7% 的税。通常还会给服务员一些报酬（也叫小费）来肯定对你的服务。小费的金额一般是税前消费金额的 15% ～ 20%。巴菲去了一家餐馆吃饭，她的账单上写着食物 28.5 美元，税 2 美元。估计小费的金额。

A. 4.5 ～ 5 美元
B. 6 ～ 7 美元
C. 10 美元
D. 以上选项都不对

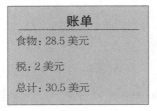

账单
食物：28.5 美元
税：2 美元
总计：30.5 美元

63. 买轮胎

农夫卡比波的卡车需要更换新轮胎。在轮胎厂，他找到了两种不同型号的轮胎。"超级奢华泥土抢夺者"牌轮胎直径为 60 厘米，"优质道路钳子"牌轮胎直径为 50 厘米。"优质道路钳子"

牌轮胎比"超级奢华泥土抢夺者"牌轮胎的价格低 10%。选择哪个牌子的轮胎更好呢?

64. 卖电话卡

玛丽有一张电话卡。打电话时,第一分钟需要花费 1 美元,接下来的每一分钟以及最后结束时不到一分钟都要花费 10 美分。在玛丽住的旅馆中,旅馆的电话可以任意拨打,但每天需要花费 5 美元。玛丽打算住一天,要打 3 个电话,每个电话要通话 8 ~ 10 分钟。她用哪种方式拨打电话更划算呢?

65. 利息问题

你存入银行账户 100 美元,利息是每年 2% 的复利。如果利率不变,并且你不再存其他的钱进入这个银行账户,那么大约多长时间这个银行账户里有 200 美元呢?

A. 5 年   C. 36 年

B. 16 年   D. 50 年

66. 计算抵押贷款

孔苏埃拉已经决定在字母街 1999 号买一栋紫色的房子。她与王子房地产公司的经纪人纳尔逊·罗杰斯经过讨价还价把房价定在了 200000 美元。为了支付这笔房款,她需要从谷伯村银行借 167000 美元。这是一个 30 年固定利率且需要每月偿还的贷款,年利率为 6%(在这个案例中,利息是孔苏埃拉向银行借钱后需要支付给银行的钱)。

孔苏埃拉每个月还贷款 1000 美元。还款中一部分支付的是银行利息，剩下的是偿还本金。这种行为叫"分期支付贷款"。在 360 个月（30 年）后，用最后一笔钱把借款的数额清为零，孔苏埃拉就彻底拥有这栋房子了。那么，孔苏埃拉在完成全部贷款后，需大约支付多少钱的利息呢？

A. 10000 美元   C. 100000 美元

B. 50000 美元   D. 200000 美元

提示：最简单的方法就是去计算孔苏埃拉一共支付了多少钱，然后减去应该偿还的本金部分。本金就是贷款在计算利息之前的原始金额。

67. 什么时候还信用卡的钱

奥格刚刚收到了马斯特罗克公司的信用卡，这是他第一张信用卡。第一个月，奥格的消费就超出了他的支付能力，花费了 1000 美元，多数都用于下载音乐。马斯特罗克公司告知他每个月至少需要支付消费额的 2%，并且不能少于 10 美元。与此同时，在第一个月之后的每一个月他还要支付欠费余额的 1.5% 作为利息加入到他的账户中。奥格打算在支付完这笔欠款前不再欠更多的钱。假设奥格每个月都只支付最小数额，奥格大约多长时间才可以还完所有的钱呢？

A. 1 年   C. 10 年

B. 5 年   D. 20 年

68. 美味的糖果

你正在糖果机前买糖果。你可以用 50 美元买 850 颗大糖果，或者用 100 美元买 8500 颗小糖果。之后你卖大糖果 25 美分一个，小糖果卖 5 美分一个。你总共有 100 美元可以用来花费，你选择哪一种糖果会带来更大的利润呢？

    A. 大糖果   C. 都一样

    B. 小糖果

69. 卡比柏干果酱

农夫卡比柏正在卖卡比柏果酱。他预测如果把价格定在每罐 4 美元，他可以卖掉 120 罐。他认为价格每提升 1 美元意味着要少卖 20 罐。另一方面，如果每下降 1 美元，那么他可以多卖 20 罐。如果他想得到最大的利润，那么每罐要在多少钱合适呢？

    A. 3 美元   C. 5 美元

    B. 4 美元   D. 7 美元

自然、音乐和艺术问题

这部分问题的答案从第 149 页开始。

70. 纳秒

海军少将格瑞丝·莫瑞·霍伯（1906—1992）是一位计算机学家。她以纳秒视觉演示而闻名。有人曾经问她为什么卫星通信耗时这么长，她就拿出了几段金属线。每段金属线的长度是光传播 1 纳秒的距离。

我们知道光传播 1 秒的距离是 186000 英里（1 英里大约 1.6 千米），你知道海军少将霍伯的纳秒金属线有多长吗？

A. 大约 1 英寸　　　　　　C. 大约一码

B. 大约 1 英尺

71. 图形对称

我们想象下，当你转动一个图形，随着你的旋转，这个图形在某一时刻会与旋转之前重合（旋转角度小于 360°），这样的图形叫作旋转对称图形。例如，一个等边三角形，每旋转 120°，得到的图形和原来的图形是重合的。等边三角形就是旋转对称图形。

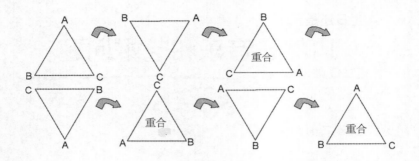

由于等边三角形在旋转 360° 内可以有三次与原来的图形重合，所以它被称为"旋转对称次数 3"。

在自然界中，一些物质的形状也是旋转对称图形。下面这些物质图形的旋转对称次数是多少呢？

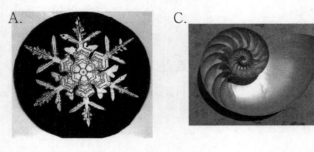

72. 艾比的生日

艾比出生于 1997 年 7 月 21 日，星期一。那么，对于她来说，下一次生日还是星期一的是哪年？

73. 等比模型

迈克尔·安吉洛接受了一项任务要建造一座铜像。在建造这座整体铜像之前，他需要先做一个长、宽、高均为铜像十分之一大小的等比实体模型。这个实体模型质量为 2 磅。当他完成整体铜像后，他自己能够搬起这座铜像吗？

74. 飞鼠布巴

南部飞鼠最大的滑行比例是 3：1，这说明它滑行每下降 1 英尺，可以水平飞行 3 英尺。

飞鼠布巴飞上了 75 英尺高的山胡桃树顶。在它啃食胡桃的时候，发现一个可爱的松鼠在 60 英尺的另外一棵树上，并且比它低 40 英尺。为了吸引这只可爱的松鼠，布巴滑行了过去。那么它滑行的比例是多少？

    A. 3：1   C. 2：1

    B. 3：2   D. 4：3

75. 裸鼹鼠

大多数的裸鼹鼠妈妈平均一窝产 11 只宝宝，但有的裸鼹鼠妈妈一窝可以产 27 只宝宝。我们知道在撒哈拉以南非洲的一个裸鼹鼠窝内，一只裸鼹鼠妈妈在 12 年里产下了大约 900 个裸鼹鼠宝宝。根据我们所知道的信息，估计这个多产的裸鼹鼠妈妈一年能够生产多少次？

A.2 ~ 4次　　　　　　C.6 ~ 8次

B.4 ~ 6次　　　　　　D.12 ~ 16次

76. 了不起的拼接

一个平面密铺的产生是由一个图形重复很多次拼接而成且没有缝隙和重叠，就像人们在铺地砖一样。下面有三个正多边形（有相同的边长和内角）可以拼成一个平面密铺，哪个图形不可以用于平面密铺呢？

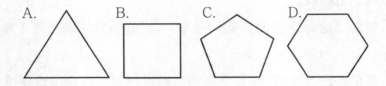

77. 地图探秘

做一个挑战，给美国地图涂上颜色，每两个州之间颜色不能一样。但有一个角相交，不被认为是相邻，例如犹他州和新墨西哥州。那么，至少用多少种颜色可以完成这次挑战呢？

A.3 种　　　　　　C.5 种

B.4 种　　　　　　D.6 种

78. 拼剪

杰基和瑞秋要用布做被子。杰基买了一块 9 英寸 ×44 英寸的布，而瑞秋买了一块 18 英寸 ×22 英寸。她们每个人都希望能够把自己买的布有效地裁剪出更多的 $3\frac{1}{2}$ 英寸 ×$3\frac{1}{2}$ 英寸的正方形小布块。把这些布块缝在一起时，需要留出 $\frac{1}{4}$ 英寸的边，也就是说女孩们在裁剪布料的时候，需要多留出 $\frac{1}{2}$ 英寸。那么谁裁剪出的正方形小布块多呢？

79. 贴标签

科学家喜欢追踪野生动物的数量，特别是对于那些濒临灭绝的物种。由于实际目测动物的具体数量是不可能的，所以科学家应用了一个统计模型来估算野生动物的数量。

其中一种方法是科学家为了得到野生动物的数量去捕捉一些动物，并给它们贴上标签后放回。过一段时间他们再去捕捉一些动物，看看到底有多少动物被贴过标签。

在一次计算过程中，科学家在撒哈拉大沙漠捕捉了 10 只曲角羚羊，并且给它们贴了标签。两个星期后，他们再一次捕捉到了 10 只曲角羚羊，并发现其中的一只被贴过标签。所以科学家能得出什么结论呢？

        A. 在这个野生动物区域大约有 20 只曲角羚羊

        B. 在这个野生动物区域大约有 100 只曲角羚羊

        C. 在这个野生动物区域至少有 1000 只曲角羚羊

        D. 曲角羚羊在这个野生动物区域很容易捕捉

80. 声速

看下面的表格，用插补法得出在 16000 英尺高度时声音的速度。

    A. 750 英里 / 时   C. 718 英里 / 时

    B. 720 英里 / 时   D. 701 英里 / 时

高度（英尺）	声速（英里／时）
0	761
1000	758
5000	748
10000	734
15000	721
20000	706
25000	693
30000	678
35000	663

提示：最简单的插补方法是线性插补（有时候也叫作线性插值）。一般来说线性插补取数据中的两个点，我们叫它（x_a，y_a）和（x_b，y_b），并且点（x，y）叫插入值。这个插入值在那两个点的中间。一般我们知道 x 然后需要求出 y。求出 y 的公式为：

$$y = y_a + \frac{(x_b - x_a)(y_b - y_a)}{(x_b - x_a)}$$

81. 产生音高

这是声音对应音乐的公式：$v = \lambda f$，这里 v 是声音的速度，λ（希腊字母）是声波的波长，f 是声波的频率。

乔纳森先用中央 C（音名）来弹钢琴。然后，他用高八度的音调来弹，这个比之前的音高（频率）要高。那么，这次的波长会比之前中央 C 的波长长还是短呢？

82. 调音

本杰明正在给他的钢琴调音。他测试着每个键的频率。他发现在中央 C 的音调中 A 键的频率正好是 440 赫兹。他知道在音乐中不同的八度之间频率相差二分之一或两倍。换句话说，一个键高八度是这个键频率的两倍，一个键低八度是这个键频率的一半。

比这个 A 键高八度的频率为 900 赫兹，低八度的频率为 200 赫兹。根据百分比误差率，哪个键更应该去调音呢？

A. 比 A 键低八度   C. 两个键都不需要调音

B. 比 A 键高八度   D. 两个键百分比误差率一样

83. 音乐数学家

下列名人中谁是数学家（一生从事数学研究），同时还精通一门乐器呢？

A. 毕达哥拉斯

B. 阿尔伯特·爱因斯坦

C. 恩里科·费米

D. 奥古斯塔·阿达·拜伦，勒芙蕾丝伯爵夫人

E. 以上全都是

F. 以上全不是

提示：当你想数学的时候，也想想音乐。

84. 形状结构

建筑师和工程师用数学的图形去实现他们的创造。你可以将图片上的物体与题中的形状相匹配吗？

A.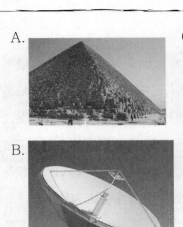

C.

B.

D.

1）拱形

2）抛物面

3）棱柱

4）正方棱锥

85. 风寒

计算风寒（T_{WC}）的公式为：

$$T_{WC} = 35.74 + 0.6215T_a - 35.75V^{0.16} + 0.4275T_aV^{0.16}$$

这里 T_{WC} 和 T_a（空气温度）的计量单位是华氏度（°F），速度 V（风速）的计量单位是英里 / 时（mph）。下图中哪条线代表了在 20°F 下，风寒和风速的关系呢？

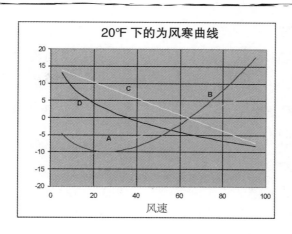

20°F 下的为风寒曲线

风速

86. 看落石

山里的两位村民奥格和那图格想玩一个游戏。他们爬上一个悬崖，从上面往下方扔石子，击中漂落在河水里的物体。他们知道要击中移动的目标需要有提前量。他们反复试验，并记录了一块石头落下的时间表。当他们爬高 100 英尺的时候，需要 2.5 秒钟让石头击中目标。当爬到 400 英尺高度时，需要多长时间让石头可以击中目标呢？

A. 3 秒　　　B. 5 秒　　　C. 4 秒　　　D. 6 秒

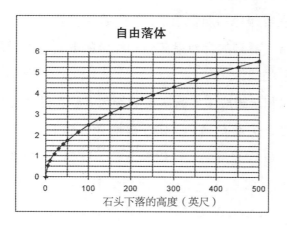

自由落体

石头下落的高度（英尺）

87. 震级

地质学家用《里氏地震震级标准》来测量地震的规模大小和破坏程度。1994 年，美国加州北岭地震被测出震级 6.5。据记载，最大的地震发生在 1960 年，智利大地震，震级为 9.5。智利大地震强度比加州北岭地震大多少倍呢？

A. 3 倍   C. 100 倍

B. 10 倍   D. 1000 倍

88. 围绕太阳运转

你认为是地球围绕着太阳转得快，还是月亮围绕着地球转得快呢？

提示：地球距离太阳 9300 万英里，月亮距离地球 24 万英里，π 约等于 3.14。

89. 观察光

光的主要颜色为红、绿和蓝。其次颜色为黄色、青色和紫红色（两种主要颜色的混合色）。在光线中，看到的黄色是红色和绿色的混合；看到的青色是蓝色和绿色的混合；看到的紫红色是红色和蓝色的混合。

红、绿和蓝组成了电脑屏幕的颜色。颜色的强度分为从 0 至 255。这里 0 是没有颜色，255 是满色，这称为 RGB 分类，R 代表红色，G 代表绿色，B 代表蓝色。在 RGB 分类中，白色是 R = 255, G = 255, B = 255；黑色为 R = 0, G = 0, B = 0；红色为 R = 255, G = 0, B = 0；黄色为 R = 255, G = 255, B = 0,

等等。

在 HTML（用于制作网页的计算机语言）中，每种颜色被确定为一个特殊的 RGB 形式：#rrggbb。在这种形式下，在 # 后面的前两个数字代表红色的强度，接下来的两个数字代表绿色的强度，最后两个数字代表蓝色的强度。

强度分为 0 至 255，但是特殊的 RGB 形式中每种颜色只保留了两位数字，怎样才能把一个 3 位数填到 2 位数字里面呢？我们需要把十进制的数值转化成十六进制（第 97 题有更多不同进制数）。在十六进制系统中，一个位置可以填入 0 至 15（十进制数值），第二位不是"十位数"，是十六位数（因为这里是十六进制）。现在我们怎么把 15 填入一个位数里呢？十进制中只有 10 个数字（0，1，2，3，4，5，6，7，8，9），所以我们需要变形用字母来表示，如下表：

十进制	0	1	2	3	4	5	6	7	8	9	10	11	12	13	14	15
十六进制	0	1	2	3	4	5	6	7	8	9	A	B	C	D	E	F

你能将 RGB 颜色代码与最适合的颜色相匹配吗？

A. #8B4513   1. 浅绿色

B. #800080   2. 暗红色

C. #FFD700   3. 橘红色

D. #FFA500   4. 金色

E. #8B0000   5. 紫色

F. #00FFFF   6. 棕色

混合问题

这部分问题的答案从第 177 开始。

90. 贴壁纸

居住在山洞里的奥格想要给自己居住的山洞贴上壁纸。从地板到天花板，山洞高 8 英尺。山洞的各面墙都是长方形的，入口是没有墙的，两面长墙宽度为 15 英尺，一面短墙宽度为 10 英尺。奥格能在山洞仓库购买的泥土色壁纸是每卷 3 英尺宽，20英尺长。如果不考虑接缝的材料损耗，他需要购买多少卷壁纸来贴满整个山洞的墙壁呢？

91. 贴壁纸（续）

娜托格居住在另一个山洞里，这个山洞与第 90 题中奥格居住的山洞面积一样大。娜托格也需要用与奥格同样的壁纸来装饰自己的山洞（事实上，这种选择并不奇怪，因为山洞仓库里只有一种壁纸可供选择）。

不同的是娜托格的要求有些特别，她不希望在墙面中间有壁纸的接缝。如果剩余的壁纸不够 8 英尺长，就把它扔掉。这样的话，娜托格需要买多少卷壁纸呢？

92. 宠物围栏

马尔要做一个长方形围栏来装他的宠物蜗牛，他决定将围栏的一边加长三分之一。马尔用多少百分比来减少另一边的面积而保持围栏的总面积不变呢？

93. 天气冷暖

妈妈让你去收拾参加惊喜探险的行李。她给了你一个提示，要带一些适合日温在 30℃ 左右旅行用的衣服。为了这次探险，你会带上哪种类型的衣服呢？

    A. 背心和薄裤或短裤

    B. 法兰绒衬衫和牛仔裤

    C. 羊毛衫、灯芯绒裤子和厚夹克

94. 温度互换

水的沸点是 100℃ 或 212℉。水的冰点是 0℃ 或 32℉。有没有一个温度华氏度和摄氏度的数值是相同的呢？

95. 掷硬币

当你的朋友无聊的时候，他喜欢向空中掷硬币，然后接住它，并喊出落下来的是正面或反面。他今天又无聊了。这时，他喊道："正面，反面，反面，正面，正面，正面。"接下来，他对你说："我刚才连续掷了三次正面。你觉得我再次掷出正面的概率有多大呢？"它是：

    A. 25%   B. 50%   C. 75%   D. 100%

96. 打赌计算平方

巴拿巴斯正在做一个限时的数学测试，不允许用计算器。他做到了最后一道题：36^2。巴拿巴斯计算多位数乘法时一贯很慢，现在他就剩下不到 1 分钟的时间了。你认为他能够在规定的时间内完成吗？

97. 认识不同的进制

将下面乘法题的结果和它们用来计算的进位系统相匹配：

A. $4 \times 4 = 20$ （1）十六进制

B. $4 \times 4 = 16$ （2）十二进制

C. $4 \times 4 = 14$ （3）十进制

D. $4 \times 4 = 10$ （4）八进制

98. 优秀学生的排列组合

在每天的数学课上，老师都会选择一位优秀学生并把他／她的名字放入一个碗中。每到星期五，老师会从这个碗里抽出两位学生的名字，并且给他们奖励。如果选出的两个名字都是你的，你会得到一个作业通行证，给你一个少做一次作业的特权。第一周结束时，碗里有 5 位学生的名字，并且里面有 2 个是你的。你有多少概率可以得到这张作业通行证呢？

99. 太多的《金枪鱼》

宝仔有一个新的数字音乐播放器，叫 pPod。他在这个音乐播放器里放了 100 首歌曲。宝仔选择了随机播放的模式来播放这些歌曲。宝仔发现当他播放前 10 首歌时，《金枪鱼》这首歌播放了 3 次。宝仔应该怎么办呢？

A. 放入一个新的电池　　C. 退回商店并且去维修

B. 加入更多的歌曲　　D. 没事——pPod 工作正常

100. 选举人团

选举人团正在进行美国总统和副总统的选举。50 个州分配的选票与国会代表的数量（众议院的人数 + 参议院的人数）相同。哥伦比亚特区（首都华盛顿）有 3 张选票。美国国会有 100 名参议员、435 名众议员，加上华盛顿哥伦比亚特区的 3 票，总统选举人票总共就是 538 票。

根据经验，每个州的选票都会投到在州内支持最多的候选人身上。如果一名候选人得到了超过 270 选票，他就会被选为总统。下面的表格展示了每个州的选票数量。那么，最少需要多少个州的支持就会达到需要的 270 选票呢？

州名	选票数	州名	选票数	州名	选票数
亚拉巴马	9	肯塔基	8	北达科他	3
阿拉斯加	3	路易斯安那	9	俄亥俄	20
亚利桑那	10	缅因	4	俄克拉何马	7
阿肯色	6	马里兰	10	俄勒冈	7
加利福尼亚	55	马塞诸塞	12	宾夕法尼亚	21
科罗拉多	9	密歇根	17	罗得岛	4
康涅狄格	7	明尼苏达	10	南卡罗来纳	8
哥伦比亚特区	3	密西西比	6	南达科他	3
特拉华	3	密苏里	11	田纳西	11
佛罗里达	27	蒙大拿	3	得克萨斯	34
佐治亚	15	内布拉斯加	5	犹他	5
夏威夷	4	内华达	5	佛蒙特	3
爱达荷	4	新罕布什尔	4	弗吉尼亚	13
伊利诺伊	21	新泽西	15	华盛顿	11
印第安纳	11	新墨西哥	5	西弗吉尼亚	5
艾奥瓦	7	纽约	31	威斯康星	10
堪萨斯	6	北卡罗来纳	15	怀俄明	3

A. 6 个州   C. 16 个州

B. 11 个州   D. 26 个州

101. 人口普查知识

在一次人口普查中，古波村一共有 855 人，其中 367 户和 230 个家庭。人口密度是 842.2 人 / 平方英里。这里有 411 套住房，平均密度为 404.8 栋 / 平方英里。村里还有 678 只狗，300 只猫和 104 只鸟，被人们视为宠物。基于上面的情况，下列哪一个选项是正确的呢？

A. 古波村面积大于 1 平方英里

B. 在古波村的每一个房主至少都有一只狗

C. 在古波村没有人自己居住

D. 每一个家庭都有一只猫

附加题

这部分问题的答案从第 193 页开始。

1. 每月一次的午餐

7 位好朋友每个月都要一起吃一次午饭，各付各的餐费，除非当月有人过生日。过生日的男生或女生吃饭不用自己花钱，由其他人来支付。他们最喜欢去的饭馆午餐特价，所有的菜价格都一样，加上税每个人只消费 12 美元。

需要注意的是，有些月份没有人过生日，有些月份可能有一个人过生日，有些月份可能有两个或两个以上的人过生日。

其中一位朋友认为，以一年为单位计算，没有享受生日午餐的人比享受生日午餐的人多支付了餐费。如果用公式证明：在一整年中，每人支付的餐费是一样的吗？

2. 自由青蛙

自由青蛙有个特性。当它跳跃时，它可以跳过房间的一半距离，再跳跃时，却只能再跳过房间内剩余距离的一半。 在充足的时间内，这只青蛙能跳出房间吗？

3. 用二进制计算

在山洞居住的奥格负责监管部落收集的石头。这是一个十分重要的任务，奥格一直在记录山洞的石头。问题是当时没有发明任何书写工具，所以奥格只能用手指来记录。如果部落有837块石头，那么奥格最少用几根手指来记录呢？

4. 春游

艾拉一家准备开车去旅行。他们计划去邻近的古堡镇游玩，这也是她的老家。用地图和英里数来规划一条从古堡镇出发最后又回到古堡镇最短的路线，途中她们计划还要经过其他小镇且只经过一次。

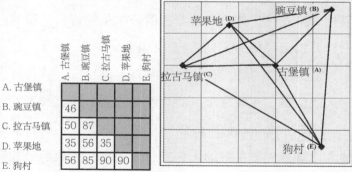

	A. 古堡镇	B. 豌豆镇	C. 拉古马镇	D. 苹果地	E. 狗村
A. 古堡镇					
B. 豌豆镇	46				
C. 拉古马镇	50	87			
D. 苹果地	35	56	35		
E. 狗村	56	85	90	90	

5. 有趣的兔子

利奥在《小屋灶周刊》杂志上看到了一个关于兔子的广告。这个广告说如果你买一对新生的兔子，那么：

（1）它们两个月后便可以繁殖。

（2）它们一直可以繁殖，每个月都可以生下一对小兔子。

在这之前，利奥已经成为一对新生兔子的主人。下面是有关他养殖兔子的进程：

在第一个月开始，他有了一对兔子。

在第二个月开始，他仍然只有一对兔子。

在第三个月开始，就像广告说的，有了两对兔子了。

第四个月，第一对兔子又生出了一对兔子，变成了三对兔子。

在第五个月开始，利奥有了 5 对兔子，并且他发现第 3 个月出生的兔子也开始繁殖了。

利奥做了个表格计算在一年后他可以有多少对兔子：

每月的开始	兔子数量（对）		
1	1		
2	1		
3	2		
4	3		
5	5		
6			
7			
8			
9			
10			
11			
12			

一整年后，他会有多少对兔子呢？

事实，关于数学
事实的问题的答案

F + A + C + T + S =

1. 简单的 π

在 3 月 14 日那天，艾伯特的学校庆祝圆周率日（π 节），学校举办了与圆周率相关的各项活动。在活动中，同学们可以买到各种各样的派（与 π 同音）。各种派的价格定多少美元合适呢？

A. 1.43 美元   C. 3.14 美元 ☞

B. 2.31 美元   D. 4.44 美元

3.141
5926535
8979323846
264338 π 32795
028841 97169
399375 10582
09749445923078164062 8620899
8628034825342117067982148086513
2823062803482534211706798214808651
3282306280348253421170679821480 86
51328230628034825342117067982
148086513282306
280348253421
17067982
148086
513
2

答案：C. 3.14 美元。

定价 3.14 美元是最好的答案，因为圆周率的值相当于 3.14。瑞士数学家莱昂哈德·欧拉用希腊字母 π 命名圆周率。人们可以通过圆的周长与直径的比值来计算圆周率，答案就是约等于 3.14。

1987 年，美国人将每年的 3 月 14 日定为圆周率日，人们会开展一些相关的庆祝活动。很巧，这一天也是爱因斯坦的生日，人们也会举行一些庆祝活动纪念这位著名科学家，爱因斯坦出生于 1879 年 3 月 14 日。

知识点：1761 年，约翰·海因里希·朗伯证明了圆周率（π）是无理数。无理数是指实数范围内不能表示成两个整数之比的数。简单地说，无理数就是 10 进制下的无限不循环小数。利用计算机，人们可以将圆周率后的小数点计算到 16 万亿位。圆周率作为无理数很重要，因为它在现代数学中被人们广泛应用。

当人们需要估算圆周率的数值时，你可使用 3.14 或 $\frac{22}{7}$ 表示。

---

2. 让我们学习乘方

15 的平方是多少?

提示：一个数的平方是这个数乘以它自己。它的符号是在数的右上角写上偏小的"2"；x 的平方就被写作 x^2。例如，3 的平方被写作 3^2。14 的平方被写作 14^2，（14×14）是 196，16 的平方被写作 16^2，（16×16）是 256。

答案：225。

下面是最快的方式来解决这道题：提示告诉我们答案是在 196 和 256 之间（14^2 和 16^2）。我们知道 5 的平方是 25，那么 15 的平方一定是以 25 结尾。因此，在 196 和 256 之间，包含 25 的数值只有 225。

3. 质数

奥格去打猎，但没有捕到任何东西回家。于是，纳图格让他去肉铺买一些肋骨回来。奥格带回了4袋肋骨，每袋的肋骨数量各不相同，4袋肋骨里面装的数量分别为：

A袋：2根　　　　C袋：4根　☞

B袋：3根　　　　D袋：5根

纳图格生气地说："我让你去肉铺，要求每袋装的肋骨数应该都是质数，而你买回的其中一个袋里面的肋骨数不是质数，是合数。再回去把这袋肋骨数换成是质数的！"

让纳图格生气的是哪袋呢？

提示：质数是除了1和它本身之外，不能被其他数整除的正整数；合数是除了质数以外的数，即除了1和它本身以外，还有其他的因数的正整数。区别在于因数的个数，质数只有2个因数，合数有多于2个因数。1既不是质数，也不是合数。

答案：C袋：4根。

前30位质数是：2，3，5，7，11，13，17，19，23，29，31，37，41，43，47，53，59，61，67，71，73，79，83，89，97，101，103，107，109，113。所有的质数都是正整数，2是唯一的偶质数。

不是质数的数被称为合数。这意味着它有多于2个因数，例如：4可以被1，4，2整除，所以4是合数。

0和1是例外，它们既不是质数，也不是合数。

4. 遵循运算规则

解下列式子：$7 \times 3 + 2 \div 4 - 2^2 \times (6-1)^2 =$

提示：这道题的要点是知道先做哪些计算，也就是说要知道计算的顺序。在算术和代数中，计算的顺序要依据一定的法则。这些运算规则也用于大部分程序语言，还用于现代人们使用的计算工具。

答案：−78.5。

运算顺序：

1. 括号先运算；

2. 指数和根（平方根、立方根等）；

3. 乘法和除法（从左到右）；

4. 加法和减法（从左到右）。

具体运算：

1. 首先做括号中的所有运算。如果括号里还包含括号，先做内括号里的运算。如（1 +（3×2））应为：（1 +（3×2））=（1 + 6）= 7。

2. 解决所有的指数运算，这包括"幂"和根（如：平方根、立方根等）。如果表达式中包含另一个表达式，先做最里面的，如：$\sqrt{4^3} = \sqrt{64} = 8$。

3. 做所有的乘法和除法运算。在数学运算中，乘除运算被看成是一样的。做乘除运算时，可从左到右进行。

正确的方法：$2 \times 10 \div 4 \times 3 = 20 \div 4 \times 3 = 5 \times 3 = 15$

错误的方法：$2 \times 10 \div 4 \times 3 = 20 \div 4 \times 3 = 20 \div 12 = \dfrac{5}{3}$

4. 做所有的减法和加法运算。在数学运算中，加减运算被看成是一样的。做加减运算时，可从左到右进行。

正确的方法：$2 - 10 + 4 - 3 = -8 + 4 - 3 = -4 - 3 = -7$

错误的方法：$2-10+4-3=2-14-3=-12-3=-15$

本题中：

$7\times3+2\div4-2^2\times(6-1)^2=7\times3+2\div4-2^2\times5^2=$

$7\times3+2\div4-4\times25=21+0.5-100=-78.5$

5. 做出选择

107 乘以 23 得多少？

    A. 1811   C. 2461 ☞

    B. 1986   D. 2593

提示： 通常当一个乘法的答案给出来时（就像是这道题），你可以从 4 个选项里排除一到两个而使它变得更简单。最简单的方法是计算出答案应该是奇数还是偶数。如果乘数都是奇数，那么答案也是奇数。否则，答案都是偶数。

答案：C. 2461。

在这道题中，107 和 23 都是奇数，故答案也应该是奇数。所以我们可以排除掉答案 B，因为它是偶数。现在就剩下 3 个选项了。

接下来，如果只乘个位数我们得到 $7\times3=21$。所以乘出来的个位数（1）应该是答案中的个位数。这样我们可以排除答案 D。

现在我们可以尝试去估计答案了。我们可以把 107 约为 100 并且把 23 约为 20，然后把它们乘起来：100×20。结果会比真实的答案小，因为我们把两个乘数都变小了。因此，我们知道答案一定比 $100\times20=2000$ 要大。

剩下的两个选项（A 和 C）中，只有一个符合这个条件所以答案一定是 C. 2461。

有选项的乘法答案是很容易估计出来的。接下来你需要知道如何计算精确的答案了，准备好一支铅笔和草稿纸！

6. 钻头问题

乔尼有一个 $\dfrac{3}{8}$ 英寸粗细的线，想用它来穿过一块木头上的洞。他想让这个洞越小越好，却能让线轻松地穿过。但是，他的钻头直径的单位都是毫米。他需要用多少毫米的钻头呢？

A. 5 毫米   C. 15 毫米

B. 10 毫米   D. 20 毫米

答案：B. 10 毫米。

很容易找出答案！下面是如何去估算：

首先将英寸换算为毫米，你需要乘以 25.4。为了更容易地找到答案，我们可以把转换数变成 25，接下来我们需要用 $\dfrac{3}{8}$ 乘以 25。25 除以 8 得到比 3 稍微大一点的数再乘以 3，我们知道 $3 \times 3 = 9$，所以一个 10 毫米的钻是最合适的。你可以用计算器得到 $\dfrac{3}{8}$ 英寸是 9.525 毫米（$\dfrac{3}{8}$ 英寸等于 $\dfrac{3}{8} \times 25.4 = 9.525$ 毫米）。

7. 快速计算

25 乘以 19 得多少？

答案是 475。

快速计算！解题的方式有多种。

介绍两种快速计算的方法。

试想一下，$19 = 20 - 1$。所以我们可以通过 $25 \times (20 - 1) =$

$25 \times 20 - 25 \times 1 = 500 - 25 = 475$。

想象一下，抛开这个算式，假设你有 19 个 25 美分的硬币。这个问题换一个角度想就是你有多少钱？ 4 个 25 美分的硬币合在一起是 1 美元，用 19 除以 4 得到 4.75 美元。我们知道 25 美分是 0.25 美元。最终答案：我们要将 4.75 乘以 100 得 475。

8. 事实与图形
把左边的几何图形和右边对应它的正确名字连线。

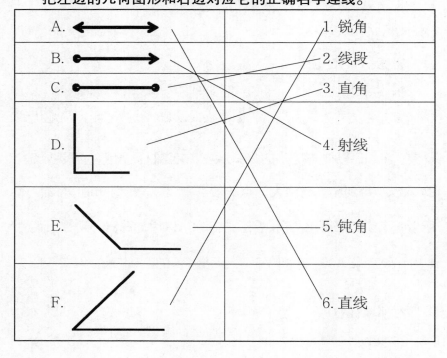

几何（来自希腊语，意思是"地球"和"测量"）是研究空间结构及性质的一门学科。它是数学中最基本的研究内容之一。它包括了点、线、角、面和立体图形。为了更好地描述这些几何图形，重要的是能够区分不同的线和图形。

例如：

•一条简单的直线总是可以向两边无限延长。

•一条射线只能向一边延长。可以想象灯是射线，从一点开始并且向后无限延长。

•一条线段只能是一些东西的一部分，所以一条线段只能是直线的一部分并且在两边都有终点。

•角度的大小基于圆的大小。一个圆是 360 度（如果你想知道为什么，去问古巴比伦人）。如果只有圆的一半，是半圆，为 180 度。

•如果只有半圆的一半，那么这个角等于 90 度，叫作直角。

•钝角是任意大于 90 度的角。

•锐角是任意小于 90 度的角。

9. 多边形的名称

多边形（来源于希腊文，意思是"很多个角"）由在同一个平面的一些线段首尾连接组成。这些线段成为这个多边形的边或棱，线段的两端即为多边形的顶点，也是多边形的角。

这是从 3 边形到 10 边形的名称。请把这些名字以变数从小到大进行排列。

A. 十边形   E. 七边形

B. 八边形   F. 九边形

C. 三角形   G. 六边形

D. 五边形   H. 四边形

答案是：C，H，D，G，E，B，F，A。

还有一些尚不用记住的几何多边形，它们是：

边	多边形
11	十一边形
12	十二边形
13	十三边形
14	十四边形
15	十五边形
16	十六边形
17	十七边形
18	十八边形
19	十九边形
20	二十边形
21	二十一边形
30	三十边形

40	四十边形
50	五十边形
60	六十边形
70	七十边形
80	八十边形
90	九十边形
100	一百边形
1000	一千边形
10000	一万边形
100000	十万边形
1000000	一百万边形
无穷（∞）	圆

10. 多边形的面积（1）

把这些规则图形（圆和正多边形）按面积从小到大进行排列。

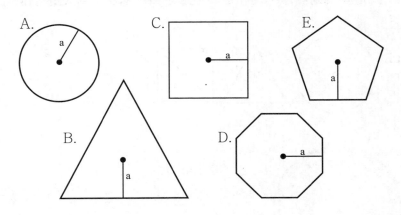

答案：A, D, E, C, B。

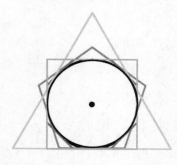

这个圆正好可以放在每个多边形的里面。我们发现边数越多和圆拟合得就越好。所有这些多边形的面积都多于这个圆形。

正多边形的中心到每条边的距离叫作边心距。

正多边形面积（设正多边形面积为 A）$A = \frac{1}{2}ap$，这里 "a" 是边心距，"p" 是正多边形的周长。

提示：正多边形的周长通过边数和边长相乘来算。这个公式是（设正多边形面积为 A）$A = \frac{1}{2}nsa$，"n" 是边数，"s" 是每条边的长度，"a" 是边心距。

11. 多边形的面积（2）

把这些规则图形（圆和正多边形）按面积从小到大进行排列。

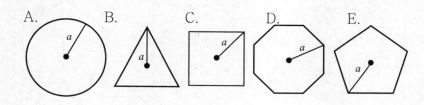

A.　　　B.　　　C.　　　D.　　　E.

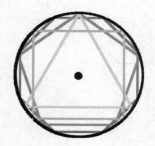

答案：B, C, E, D, A。

这是用与第 10 题相反的角度去考虑。所有的图形可以画在一个圆里。正多边形边数越多，越贴近这个圆。所有这些多边形的面积都少于这个圆形。

12. 给我一张明信片

我的九年级代数老师罗恩斯先生有个特殊的相框，它长3英尺、宽2英尺，里面放的是学生假期去旅游送他的明信片。每张明信片都是宽4英寸、长6英寸，并且没有重叠。罗恩斯先生想把这些明信片横着或竖着放在相框里，他最多可以挂多少张明信片呢？（1英尺 = 12英寸）

答案：36。

如果这个相框用长边对应明信片的长边，那么他可以放入36英寸÷6英寸 = 6张明信片，并且相框短的边对应明信片短的边可以放24英寸÷4英寸 =6张，总计6×6 = 36张。

另一方面，如果我们把相框旋转90度，短的边对应明信片长的边，那么，他可以放入24英寸÷6英寸 =4张，并且相框长的边对应明信片短的边36英寸÷4英寸 =9张，总计4×9 = 36张。

13. 伟大的南瓜

作为科学实验的一部分，哈比伯在不同的土壤里分别种了两个南瓜。每天哈比伯都对他种的南瓜称重，并测量其直径，然后将数据用图表的形式记录下来。那么，他需要下列哪种图形去记录这些数据呢？

A. 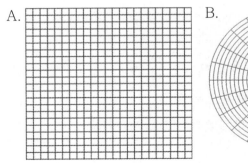   B.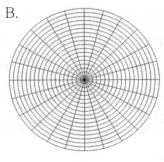

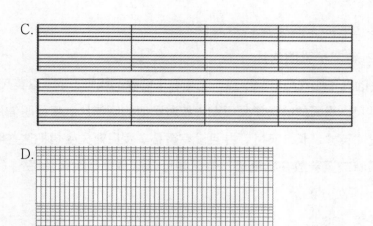

C.

D.

答案：A。

图形是我们整理和展示数据的一种方式，这些数据可用于以后的研究。

哈比伯用了图 A，直角坐标网，我们称之为笛卡尔坐标系。他记录南瓜的重量（x 轴）和直径（y 轴），从 0 点开始也就是从图形的中心开始。这是一个很好的跟踪方式，可了解南瓜的生长情况。这类图形被法国数学家、哲学家勒内·笛卡尔命名，并将它发表于 1637 年。笛卡尔坐标系用于物理、工程学、导航、机器人，当然还可用于数学研究。

极坐标系（图 B）是指在平面内由极点、极轴和极径组成的坐标系。在平面上取定一点 0，称为极点，能准确标定位置，常用于雷达显示来跟踪飞机。

音阶图形（图 C）就是以图形的方式告诉人们演奏什么音符，并以什么顺序和韵律来演奏它们。

对数坐标（图 D）使用的是物理量对数而不是量本身。换句话说，它允许我们在一个较小但可控的范围内代表大量数据。测量地震强度的《里氏地震震级标准》就是一个对数坐标的好例子。对数坐标还可以用于测量声音的大小、恒星的亮度以及物质的酸碱度。

14. 在月球上面

宇航员斯宾塞正乘坐宇宙飞船在无风的月球上空 1000 米的地方以 30 千米／时的速度飞行。他扔下了一个标记以便下次经过的时候提醒他来过这里。从站在月球表面的视角来看，图中哪个轨迹最可能是这个标记下落到月球表面的轨迹呢？

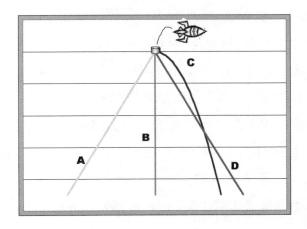

答案：C。

虽然月球上没有空气，但它仍有重力。两个条件都会影响这个标记的下落轨迹：重力和初始速度（因为斯宾塞的宇宙飞船在标记的时候正在移动）。由于斯宾塞乘坐的宇宙飞船正在向右移动，所以标记也会向右移动。这样就可以排除 A 和 B。重力会随着时间增加使物体下降得越来越快。这意味着下落轨迹会是一个曲线，所以答案是 C。

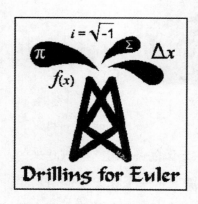

15. 代数之父

谁被认为是"代数之父"？

A. 穆罕穆德·伊本·穆萨·花拉子米 ☞

B. 欧几里得

C. 戈特弗里德·威廉·莱布尼茨

D. 莱昂哈德·欧拉

提示： 代数的英文 "algebra" 是来自阿拉伯的词汇："al-jabr"。

答案：A。

代数的英文 "algebra" 来自穆罕穆德·伊本·穆萨·花拉子米的一本书 *Hisab al-jabr w'al-muqabala*，该书创作于约公元前 830 年。这个书名翻译成《通过恢复和简化来计算》。同时花拉子米还有其他重要的著作，他是第一个用 0 作为数字的人。这看起来很简单，因为你已经知道了 0，但是想象一下如果你不知道 0 是一个数字呢！他还用另一种方式记录了他的不朽：algorithm （运算法则）得于他的名字。

欧几里得是"几何之父"，古希腊著名的数学家之一，大约在公元前 325 年到公元前 265 年生活在埃及的亚历山大港。他撰写的《几何原本》（*Elements*），现在还被广泛应用。

戈特弗里德·威廉·莱布尼茨（1646—1716）是德国博学家（一个人在多领域都非常有名望）。莱布尼茨不仅在数学方面成就斐然，还在哲学、生物学、医学、地理学、政治学、心理学、神学和法学方面做出很大的贡献。其中极著名的贡献之一就是他发明了微积分。虽然艾萨克·牛顿也被认为发明了微积分，但是莱布尼茨是独自一个人发明的微积分，并且他发明的一些符号现在仍在使用。他还创造了二进制体系，为发明现代计算机打下了实质性的基础。

莱昂哈德·欧拉（1707—1783）是瑞典数学家和物理学家。他在数学上建立了很多专有名词和符号，包括平方根和 π。根据吉尼斯世界纪录，欧拉是著有最多数学专著的人，共有 60 ~ 80 部著作。为了纪念他对科学的贡献，欧拉的照片被印在瑞典的钱币上。

16. 论证

正确还是错误：下面证明了 1 = 2：

假设 $a = b$

两边都乘以 b 得到 $ab = b^2$

两边都减去 a^2 得到 $ab - a^2 = b^2 - a^2$

把两边简化 得到 $a(b-a) = (b+a)(b-a)$

两边约去 $(b-a)$ 得到 $a = b + a$

把 b **换成** a**，因为** $a = b$ 得到 $a = a + a$ 也就是 $a = 2a$

两边都除以 a 得到 $1 = 2$

答案：错误。

当我们约分时，事实上是两边都除以了一个数。如果 $a = b$，那么 $b - a = 0$。我们不能两边都除以 0，所以这个论证一定是错误的。

什么是证明呢？一个证明是用逻辑来证明一些事情是正确的还是错误的。它始于一些假设，运用定理（用推理的方法得到的真命题）或公理（长期实践中总结出来的不需要证明的命题和原理）来一步一步推导。如果每一步都是正确的，那么，结论也就是正确的。

证明的另一种方式是反证法，它不是去证明一些东西是对的，而是先假设它是错的，然后发现会有自相矛盾的地方。

健康、食品和
营养问题的答案

17. π 和派

艾伯特喜欢吃派，他计划在学校的庆祝圆周率节（π 节）上尝试各种风味的派。唯一的问题是艾伯特的妈妈只让他吃四分之一派。艾伯特的钱可以买想要吃的各种派。但是，由于不是所有口味的派都切成了相同数量的块数，所以他很难做出选择。

各种风味的派可以被切成的块数：

派	块数
草莓	6
苹果	8
樱桃	10
巧克力奶油	10
奶油香蕉	12
柠檬蛋白	12
波士顿奶油	16
奶油椰子	16

那么，艾伯特最多可以买多少块不同口味的派，且最终加起来不超过相当于四分之一派呢？

提示：选择块数最多的派，这些块一定是最小的。

答案：3 种。

首先要选择分成最小块数的派。波士顿奶油和奶油椰子的派分成了 16 块，每一种派拿一块，共有 $\frac{2}{16}$ 派，即 $\frac{1}{8}$ 派。下一个能分成最小块数的派是奶油香蕉和柠檬蛋白，它们被分成了 12 块。选择其中一种加上最开始挑选的两种派，现在是 $\frac{1}{8} + \frac{1}{12}$。

把这些分数加起来，我们需要把分母（分数线底下的数字）通分。我们可以去找到 8 和 12 的最小公倍数。基于我们所学的数学知识，我们知道 8 和 12 都是 24 的约数，于是

$$\frac{1}{8} + \frac{1}{12} \text{变成} \frac{1}{8} \times \frac{3}{3} + \frac{1}{12} \times \frac{2}{2} = \frac{3}{24} + \frac{2}{24} = \frac{5}{24},$$

这个数小于 $\frac{6}{24} = \frac{1}{4}$。由于没有能分成 24 块的派，因此，艾伯特最多可以买 3 种。

18. 精美的饼干

伊纳娜要参加一个晚会，准备要做她拿手的字母饼干。为了确保参加晚会的所有人都可以吃到一块饼干，她需要做 1.5 炉。事情进展得很顺利，但用料上每炉饼干需要三分之一杯的黄油。伊纳娜只有下列分数的测量杯：八分之一、四分之一、三分之一、二分之一和一整杯。

那么，伊纳娜可以用她现有的量杯测量出需要正确数量的黄油吗？

答案：可以。

如果伊纳娜没有测量原始值 $\frac{1}{2}$ 炉需要的黄油（$\frac{1}{2} \times \frac{1}{3} = \frac{1}{6}$ 杯）的量杯，也许她可以测量出原始值 1.5 炉需要的黄油。为了算出答案，我们可以用分数来表达：$\frac{3}{2} \times \frac{1}{3}$。第一个分数中

3 这个分子（在分数线上面的部分）和第二个分数中的分母进行约分，得到 $\frac{1}{2}$ 杯，伊纳娜有这个大小的量杯。

19. 半炉饼干

在另一个晚会上，伊纳娜决定再次做字母饼干，但这次只需要烤半炉。准备好后，她遇到了与上次同样的问题，烤一炉需要三分之一杯的黄油。但伊纳娜只有八分之一、四分之一、三分之一、二分之一和一整杯的量杯。

请问伊纳娜可以通过量杯称出精确的黄油数量吗？

答案：可以。

与上次一样，伊纳娜无法量出 $\frac{1}{6}$ 杯黄油。这次她需要一个更聪明的解决办法。首先，她需要用量杯称出 $\frac{1}{2}$ 杯的黄油。然后，她用 $\frac{1}{3}$ 杯的量杯从 $\frac{1}{2}$ 杯的黄油中称出 $\frac{1}{3}$ 杯的黄油。于是，剩余在 $\frac{1}{2}$ 杯里的黄油是 $\frac{1}{2} - \frac{1}{3} = \frac{3}{6} - \frac{2}{6} = \frac{1}{6}$ 杯。

20. 盘子组合

一种蛋糕的制作方法上说：需要把面糊放入两个直径为 8 英寸的圆盘里。如果你手头没有这样大小的盘子，在下列选项中，哪组盘子能作为替代品呢？

　　　　A. 两个 8 英寸的方形盘子

　　　　B. 一个 9 英寸的方形盘子

　　　　C. 一个 9 英寸 ×13 英寸的长方形盘子

　　　　D. 三个 8 英寸 ×4 英寸的长方形盘子　☞

答案：D. 三个 8 英寸 ×4 英寸的长方形盘子。

下面是如何计算出答案的：

设直径为 8 英寸的圆形盘子的面积为 $A：A = \pi r^2 = \pi 4^2 = \frac{22}{7} \times 16 \approx 50$ 平方英寸，所以两个盘子总和大概是 100 平方英寸。

两个 8 英寸的方形盘子面积是 $2 \times 8^2 = 128$ 平方英寸。

一个 9 英寸的方形盘子面积是 $9 \times 9 = 81$ 平方英寸。

一个 9 英寸 ×13 英寸的盘子是 $9 \times 13 = 117$ 平方英寸。

三个 8 英寸 ×4 英寸的盘子是 $3 \times（8 \times 4）= 96$ 平方英寸。

因此，三个 8 英寸 ×4 英寸的长方形盘子最接近 100 平方英寸。

21. 大小棉花糖

一个食谱上说需要 5 杯（大约 72 立方英寸）量具来放入大棉花糖。不幸的是，你只有迷你棉花糖。所有的棉花糖都正好是圆柱体。大棉花糖直径为 1 英寸、高 1 英寸。迷你棉花糖直径为 $\frac{1}{2}$ 英寸、高 $\frac{1}{2}$ 英寸。如果你把 5 杯迷你棉花糖倒入一个 8 英

寸 ×9 英寸 ×1 英寸的长方体盘子里且并不挤压这些棉花糖，那么，你最可能看到：

    A. 放入更多的迷你棉花糖

    B. 放入更少的迷你棉花糖

    <u>C. 放入相同体积的棉花糖</u> ☞

答案：C. 放入相同体积的棉花糖。

我们可以在每立方英寸中放置一个大棉花糖。当我们这样做的时候会剩余一些空间。剩余空间的底面积是正方形的面积减去圆的面积。$A_{剩余空间} = A_{方形} - A_{圆} = 1 - \pi r^2 = 1 - \pi \left(\frac{1}{2}\right)^2 = 1 - \pi \frac{1}{4} \approx 1 - \frac{3}{4} = \frac{1}{4}$ 平方英寸。这意味着当我们拿一个圆放入一个方形中有 25% 的空间是空余的。如果用相同的方式来计算迷你棉花糖，我们可以把它放入边长为 $\frac{1}{2}$ 的正方体中。在本题中，

$A_{剩余空间} = A_{方形} - A_{圆} = \left(\frac{1}{2}\right)^2 - \pi \left(\frac{1}{4}\right)^2 = \frac{1}{4} - \pi \frac{1}{16} \approx \frac{1}{4} - \frac{3}{16} = \frac{1}{16}$ 平方英寸。相同地，在小正方形中剩余 25% 的空间（$\frac{1}{4} \times 0.25 = \frac{1}{16}$ 平方英寸）。

事实上，无论单位方形的面积是大还是小，剩余空间的比例都是一样的。从这一点上我们可以看出，这与棉花糖的大小没有关系。注：这个结论是对的，因为对于棉花糖来说，放入的空间已经足够大。如果我们放入 1 杯的容器里，那么，你可以放入更多的迷你棉花糖。

22. 长青春痘

乔丹正处于青少年时期，他每天早晨醒来，有25%的概率至少长一个青春痘。对于乔丹来说，他脸上的青春痘需要两天时间才能消退。如果在周四乔丹没有长青春痘，那么，周六晚上乔丹至少长一个青春痘的概率是多大呢？

A. 0%   C. 88%

B. 44% ☞   D. 100%

提示：这道题看起来难，但是对于乔丹来说没有长青春痘的可能性是容易计算的。解题的关键是：至少长一个青春痘的反义是没长青春痘。

答案：B. 44%。

如果乔丹在周六晚上长了一个青春痘，那么，它一定是在周五早上或周六早上长的。原题中得知周五早上（或任何一天早上）长出至少一个青春痘的概率是25%，而没长青春痘的概率是75%。这样一个事实在周六也会如此。所以在周五或周六早上都没有长一个青春痘的概率 = 75%×75% =0.75×0.75=0.56=56%。

然而，这个答案是我们这道题的反解。这道题的答案是1-0.56=0.44=44%。乔丹有44%的可能在周六的晚上有至少一个青春痘。这道题的答案从何而来呢？如果一个问题只有两个结果，那么，其中一种结果的可能性就是100%减去另一种结果的可能性。

23. 蟋蟀的热量

你正在一个偏远的热带小岛上拍摄电视节目，发现缺少足够的热量，面临生存挑战。为了生存，你决定去找一些平常看起来不能吃的食物去补充热量。在岛上有大量的昆虫，也许你需要吃一些蟋蟀来补充热量。

100克蟋蟀里面有多少卡路里的热量呢？

A. 1727 卡路里

B. 121.5 卡路里　☞

C. 179.5 卡路里

每100克不同昆虫的营养值表			
昆虫	蛋白质（克）	脂肪（克）	碳水化合物（克）
巨型水虫	19.8	8.3	2.1
红火蚁	13.9	3.5	2.9
蚕蛹	9.6	5.6	2.3
蜣螂	17.2	4.3	0.2
蟋蟀	12.9	5.5	5.1
大蝗虫	20.6	6.1	3.9
小蝗虫	14.3	3.3	2.2
六月甲虫	13.4	1.4	2.9
毛毛虫	6.7	N/A	N/A
白蚁	14.2	N/A	N/A
象鼻虫	6.7	N/A	N/A
数据来自1996年7月出版的《食昆虫学报》和梅·拜尔伯姆著的《昆虫系统》。			

提示：计算昆虫热量的公式：热量＝4×（碳水化合物 ＋ 蛋白质）＋9× 脂肪，其中蛋白质、碳水化合物和脂肪在上述表中可以查到。

答案：B. 121.5 卡路里。

计算 100 克蟋蟀的热量，用这个公式：热量 = 4 ×（碳水化合物 + 蛋白质）+ 9 × 脂肪。

插入表中的数值：

- 首先把蛋白质和碳水化合物的热量算出来：

    4 ×（5.1+12.9）=72（卡路里）。

- 然后，把脂肪中的热量算出来：9 × 5.5 = 49.5（卡路里）。

- 最后，把两个结果加起来：72 + 49.5=121.5（卡路里）。

24. 继续昆虫的话题

接着上次的探险，你发现有一些别的食物可以代替蟋蟀。你发现了一只大的红火蚁巢、一只白蚁巢和无数只六月甲虫。用第 23 题中的食物营养值表决定哪种食物可以给你提供更多的热量。

A. 红火蚁 ☞   B. 白蚁   C. 六月甲虫

提示：你可以不用计算得出答案。看这个公式：热量 = 4 ×（碳水化合物 + 蛋白质）+ 9 × 脂肪。要注意到脂肪数量的多少是最重要的决定因素。

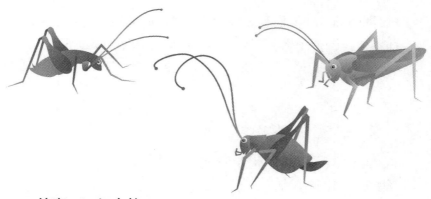

答案：A. 红火蚁。

比较一下第 23 题中营养值表中各种昆虫脂肪的含量。白蚁没有脂肪热量，红火蚁脂肪热量比六月甲虫的两倍还多。因此，红火蚁会提供更多的热量。

如果你需要用数学来证明上面的结论，还是用上面的公式：热量 = 4 ×（碳水化合物 + 蛋白质）+ 9 × 脂肪，代入对应的数值即得到如下表格。

食物	卡路里
红火蚁	98.7
白蚁	56.8
六月甲虫	77.8

25. 比萨套餐（1）

22 个饥饿的橄榄球运动员来你家做客，你要去外面给他们买些比萨。比萨由脆皮、奶酪和顶部配料组成。他们不在意吃到哪种，只在乎不要吃到与别人相同的。你有 3 家比萨店可以选择：

•卡斯妈妈——他们有 1 种脆皮、1 种奶酪和 18 种顶部配料；

•微醉屋——他们有 2 种脆皮、2 种奶酪和 5 种顶部配料；

•比萨小棚——他们有 3 种脆皮、3 种奶酪和 3 种顶部配料。

你会选择哪家店呢？

A. 卡斯妈妈

B. 微醉屋

C. 比萨小棚 ☞

D. 不幸运，没有地方可以满足你的要求

答案：C. 比萨小棚。

确定组合的数量是用每个品种可以选择的数相乘。

例如：

•卡斯妈妈比萨店提供：1×1×18=18 种不同种类的比萨。

•微醉屋可以提供：2×2×5=20 种不同种类的比萨。

•比萨小棚可以提供：3×3×3=27 种不同种类的比萨。

26. 比萨套餐（2）

明显地，一个比萨并不够吃。你被派去比萨店买尽量多的带有两种顶部配料的比萨（一种比萨上面必须有两种顶部配料）。这次你会选哪家店呢？

A. 卡斯妈妈 👉   C. 比萨小棚

B. 微醉屋   D. 没有这么多饥饿运动员的
                           另一所学校

答案：A. 卡斯妈妈。

这次，我们必须选两种配料。卡斯妈妈有 1×1×18=18 种不同的比萨上面拥有一种配料，在每种比萨上，还有 17 种选择作为第二种配料。记住我们不能用重复的配料。

这意味着卡斯妈妈有 1×1×18×17=306 种不同的上面有两种配料的比萨。

同样地，微醉屋可以提供 2×2×5×4=80 种不同的上面有两种配料的比萨。

比萨小棚可以提供 3×3×3×2=54 种不同的上面有两种配料的比萨。

27. 面团男孩

沃尔夫正在做面包。他将面粉、水、酵母粉等所有配料搅匀后，形成了一个 4 个杯子大小的面团。他把这些面团放到一个大盘里并盖好，放到温暖的地方使其发酵。当这些面团的体积变为原先的两倍后，沃尔夫把它们揉扁，从而使它们的体积少了三分之一。在放入烤箱之前，他再次使面团的体积加倍。

他需要一个多大的盘才能使这些面团不超过顶部或溢出呢？

A. 1 夸脱   C. $\dfrac{1}{2}$ 加仑

B. 6 品脱 ☞   D. 75 盎司

提示：先要搞清楚发酵面粉多次发酵后，面团的体积有多少杯大小。然后再把杯换算成其他计量单位。（1 夸脱 = 2 品脱，1 加仑 = 4 夸脱，1 杯 = 8 盎司，1 品脱 = 2 杯）

答案：B. 6 品脱。

首先计算最后这个面团有多大：

开始是 4 杯，两倍之后是 8 杯。

然后，减去 8 杯的 $\frac{1}{3}$ ，即 $\frac{8}{3}$ 杯 = $2\frac{2}{3}$ 杯。此时体积为 $8-2\frac{2}{3}=5\frac{1}{3}$ 杯。

接下来，面团的体积又增加到两倍，也就是 $5\frac{1}{3}\times2=10\frac{2}{3}$ 杯。但没有一个答案是以杯为单位的。

我们要进行一个换算。

1 夸脱 =2 品脱 =4 杯，所以 A 是不对的。

4 夸脱是 1 加仑，所以 $\frac{1}{2}$ 加仑是 2 夸托，或者说是 8 杯，所以 C 不够大。

接着，8 盎司是 1 杯，$10\frac{2}{3}$ 杯是 $10\frac{2}{3}\times8=85\frac{1}{3}$ 盎司。所以，D 也不对。

1 品脱 =2 杯，6 品脱 =12 杯。12 杯比 $10\frac{2}{3}$ 大一些。所以，B 是正确答案。

28. 糖和配料

农场主卡比波拉以做热巧克力闻名。每当他做一杯热巧克力的时候，他用 $1\frac{1}{3}$ 勺无糖可可粉、3 勺糖、$\frac{1}{2}$ 勺特制农场调料和 1 杯秘制的奶、奶油、香草和热水的混合物。

当地的一所高中想让他帮忙做 100 杯热巧克力，作为比赛的筹办方，可以拿这些热巧克力在学校的橄榄球比赛中售卖。

请问农场主卡比波拉做 100 杯热巧克力

需要多少可可粉呢？（1杯 = 16勺）

A. $3\frac{1}{2}$ 杯

C. $8\frac{1}{3}$ 杯 ☞

B. $5\frac{3}{4}$ 杯

D. 10 杯

答案：C. $8\frac{1}{3}$ 杯。

这道题十分简单。1 杯热巧克力需要 $1\frac{1}{3}$ 勺可可粉，100 杯热巧克力，农场主卡比波拉需要 $100 \times 1\frac{1}{3} = 133\frac{1}{3}$ 勺可可粉。现在只需要把单位勺换算成杯：

16 勺是 1 杯，所以我们用 $133\frac{1}{3}$ 除以 16。不要被这个式子吓到！首先你知道 16 乘以 10 等于 160，这个数大于 133，所以，D 显然不是正确答案。

160 勺的一半是 80 勺（即 5 杯），并且我们发现 80 勺对于 133 勺来说太少，所以 B 和 A 接近 5 杯或小于 5 杯都不是正确答案。

所以只剩下答案 C 了。

29. 吃药

每天早上，赞德先生需要吃 100 毫克的药。吃完药后，药物立即进入身体里发挥其功效。此外，人体会将一些外来物排出体外，包括所吃的药物。在 24 小时内，赞德的体内将消耗 40% 的药量。赞德每天早上 8 点钟吃药。如果他第一次吃药是在星期一的早上，那么，星期三的早上，在他没吃药之前，他的体内还存有多少毫克的药量呢?

      A. 64 毫克   C. 128 毫克

      B. 96 毫克 ☞

答案:B. 96 毫克。

在星期一的早上吃完药后,赞德的身体里有 100 毫克的药量。到了星期二,在他吃药之前他身体里还有 100 毫克的 60%（60 毫克）。在星期二他吃完药后,他的体内就有 160 毫克的药量。到了星期三,在他常规吃药前,身体里还有 160 毫克的 60%,即 96 毫克。

30. 体重指数

体重指数（BMI）是通过一个公式得出:用人的体重除以身高的平方。身体健康的体重指数范围为 18.5 ~ 25。体重指数公式为:

$$体重指数 = \frac{体重（千克）}{身高（米）\times 身高（米）}$$

这是以公制单位（千克 / 平方米）来计算的。在美国,人们仍习惯用磅来计算体重,用英尺来计算身高。如果我们用英制单位去测量体重指数从而代替公制单位,那么体重指数的值也将被替换。

请问如果用磅和英尺作为单位计算一个健康人体体重指数,相对于原来的数值会变高还是变低呢?

答案:会变低。

我们是这样考虑的:

• 1 千克等于 2.2 磅,比千克作为单位的数值的两倍还多一点。

● 另一方面，在分母上，我们可以看到身高是平方。1 米等于 39 英寸，所以在分母上是 39 的平方，即：1521。我们可以这样认为，1521 倍接近 1600 倍，不用得出具体精确的数字，我们就知道数值是变高了还是变低了。

● 所以一个新的体重指数区间是先乘以 2 倍多一点，然后再除以 1521。

● 最后，我们得知是用原来的数字除以 700（大约），范围在 0.026 ~ 0.036，这个数值小于原先的数值。

我们发现，这些数字很难被记住，所以体重指数（BWI）总是用公制单位表达。用英制单位代替公制单位，可直接把数值除以 703（这是一个精确的，不是估计的数值）。

我们注意到这道题只是问这个数字是变高还是变低了，不追求一个精确的数字。所以，估计的数字足以得出答案。

旅游问题的答案

31. 灰灯泡竞赛

灰灯泡赛车公司组织了一场环球飞行比赛。为了避免相互碰撞，他们计划每架飞机在相同的经线上起飞，但纬度是不同的。驾驶员必须在自己所在的纬线上绕地球飞行一周。随机抽签后，你是第一个选择飞行纬度的驾驶员。那么，你选择哪条纬线呢？

A. 45° S   C. 30° N

B. 0°   D. 60° N ☞

提示：纬线自东向西延伸，平行于赤道（0°纬线）。经线是连接南北两极并垂直于纬线的半圆，它们相交于南北两极点。0°经线又被叫作本初子午线。为了记住经度和纬度的不同，我们可以把纬线看作灯笼的横格，经线看作竖格。

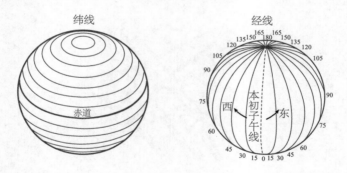

答案：D. 60° N。

随着纬线远离赤道（0°纬线），圆的半径就越来越小。纬线的半径越小，其周长也就越小。于是，纬度越高（无论南北），飞机绕地球飞行的距离就越短。

这就意味着 60° N 是所能选择的最小的圆。如果你驾驶飞机飞在这个纬度，你就会有最短的飞行距离，最有可能赢得比赛。

32. 时区划分

美国大陆分为 4 个时区：太平洋时区、山地时区、中部时区和东部时区。全世界分为 24 个时区。基于时区规则，如果你可以计算出美国大陆跨越多少经度，那么，你可以计算出从加利福尼亚州到缅因州跨越多少经度吗？

      A. 5° ~ 25°   C. 60° ~ 90°

      <u>B. 30° ~ 60°</u> ☞

提示：全球 360°，分 24 个时区。理想上说，每个时区由 360° ÷ 24 = 15° 构成。

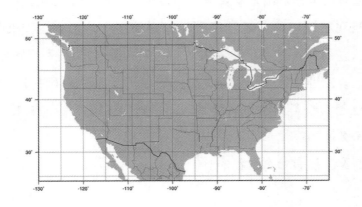

答案：B. 30° ～ 60°。

全球为 360°，被分为 24 个时区。每个时区 360° ÷ 24 = 15°（经度）。由于我们不知道美国是否完全跨越还是只是进入 4 个时区，我们可以将范围定义为 4×15° = 60° 为最大数，2×15° = 30° 为最小数。

> **知识点**：1878 年，为了标准化火车时刻表，加拿大人桑夫德·弗莱明爵士提出了全球时区系统。由于地球自转一圈为 24 小时且 360°，所以地球自转 1 小时就是一圈的 1/24 或 15°。

美国共有 6 个时区，从东到西分别为：东部时区、中部时区、山地时区、太平洋时区、阿拉斯加时区以及夏威夷和阿留申时区。通常，每个时区相差 1 小时。但实际情况有些复杂，因为不是每个州都实行夏令时。夏令时是从每年 3 月份的第二个星期日开始，到每年 11 月的第一个星期日结束。人们需要在夏令时开始时将表上的时间提前 1 小时，当夏令时结束时再将表上的时间往后调回 1 小时。

33. 同时间的旅行

露易丝坐飞机出差从肯塔基州路易斯维尔到密苏里州圣路易斯。当飞机起飞时，她注意到时间是下午 1：00。在飞机降落之前，露易丝一直在玩数独游戏。这时，乘务员广播："先生们、女士们，欢迎大家来到圣路易斯。现在是当地时间下午 1：00。"露易丝确信乘务员没有播报错时间，确实没错，是下午 1：00。这是怎么回事呢？

答案：没有什么神秘的。

从路易斯维尔到圣路易斯飞行时间为 1 小时。然而，发生了时区变化。路易斯维尔使用的是美国东部时间，而圣路易斯使用的是美国中部时间。

34. 飞往佛罗里达州

格伦想要从加利福尼亚州洛杉矶飞往佛罗里达州奥兰多去看春季棒球训练。他的机票是这样的：

	出发			到达	
3 月 11 日	洛杉矶	11：00 a.m.	奥兰多	7：00 p.m.
3 月 18 日	奥兰多	11：00 a.m.	洛杉矶	1：00 p.m.

格伦注意到从加利福尼亚州到佛罗里达州飞行需要 8 个小时，但是返程却只用了两个小时。 这是怎么回事呢？

答案：时区差异。

往返航班实际飞行时间是一样的。航空公司报告起飞和降落的时间是根据机场当地时区的时间。洛杉矶是太平洋时区，而奥兰多是美国东部时区。两个时区的时差为 3 小时。当格伦晚上 7：00 降落在奥兰多时，洛杉矶是当地下午 4：00；起飞时是洛杉矶当地时间 11：00，实际飞行 5 小时。返程票上显示用两个小时，但由于时差是 3 小时，实际也飞行了 5 小时。

35. 买车票

马娅每个工作日都要乘火车去上班，她很少缺勤。在通常的月份，马娅可以花费 25 美元买一张往返车票，花 70 美元买一张套票（5 张往返车票），花 240 美元买一张月票。在 12 月份，月票会优惠 25%。工作了一整年，马娅想在 12 月份休假。结果，这个月她将只工作 8 天。那么，马娅买哪种票划算呢？

答案：两张套票。

你可能认为 2 张套票是浪费的，因为你不可能用完两张套票。但是，我们做了一个表，你可以看到这样购买是省钱的。

8 天	
月票	240×0.75（25% 优惠）= 180（美元）
2 张套票	70×2 = 140（美元）
1 张套票 + 3 张往返车票	70×1 + 25×3 = 145（美元）
8 张往返车票	25×8 = 200（美元）

36. 去了再回来

扎克的家离学校有 1 英里远。从家到学校，他骑行需要 15 分钟，而他骑车回家只用 5 分钟。请问扎克的平均骑行速度是多少？

A. 4 英里 / 时　　　　　　　C. 8 英里 / 时

B. 6 英里 / 时 ☞　　　　　D. 12 英里 / 时

答案：B. 6 英里/时。

距离是按英里计算的。我们想要知道扎克每小时骑行多少英里。

如果扎克去学校（1 英里的路）需要 15 分钟，返回家需要 5 分钟的话，那么扎克 20 分钟行驶了 2 英里。这意味着他的骑行速度的平均值是：

$$r = 2\,\text{英里} \div 20\,\text{分钟} = 2\,\text{英里} \div \frac{1}{3}\,\text{小时} = 6\,\text{英里/时}$$

37. 带我准时到学校

你正在骑车去学校，从家到学校路程大约 10 英里。你必须每小时骑行 10 英里才能准时到校。当骑到一半路程时，你发现你现在的速度是 5 英里/时。那么剩余的半程，你需要骑行多快才能准时到校呢？

A. 15 英里/时   C. 30 英里/时

B. 20 英里/时   D. <u>你不可能准时到校</u> ☞

答案：D. 你不可能准时到校。

不用计算你也可以想象出结果。用了一半的速度，骑了一半路程，你已经用完了你应该到学校的时间。暂时可以忘掉这道题里的数字了。

公式是这样的：距离 = 速度 × 时间（$D = ST$）

如果你减了一半的速度，走了半程，那么花费的时间确实一样。

方程式的两边都乘以 a，可以得到 $aD = aST \Rightarrow (aD) = (aS) T$。注意到时间（$T$）没有变化。如果我们让 $a = 0.5$，我们将距离和速度分开。再次，我们可以看到时间是不变的。用一半的速度，骑了一半的路程意味着你已经用完了所有的时间。你不可能避免迟到。下次你应该再蹬得快些，早饭再吃得早些！

38. 平均油耗

杰西卡开了一辆新型混动车，这辆车可以自动记录汽油的消耗，即：每加仑油行驶多少英里。杰西卡知道油量消耗率与车速和车辆是否上坡或下坡有关。在通常情况下，杰西卡平均油耗为50 英里 / 加仑。

有一天，杰西卡从家开车到海边旅行，路程是 50 英里，她注意到她车的耗油量却是 40 英里 / 加仑。杰西卡还是想让她的车到达通常的平均耗油量（50 英里 / 加仑）。于是，在返程的路上，杰西卡按原路行驶，并将车的耗油量开到 60 英里 / 加仑。然而，当她到家后，她发现往返总路程的平均耗油量并不是 50英里 / 加仑，而是 48 英里 / 加仑。这是为什么呢？

答案：你需要使用不同的公式来计算平均值。

像一辆汽车每加仑汽油行驶多少英里（或每小时多少英里）这样的平均值与平均分或平均年龄不同。实际上，像一辆汽车每加仑汽油行驶多少英里已经是一个平均值。要计算出特定旅程的耗油量，你需要用行驶的里程除以所消耗的油量。

在去海边时，杰西卡以 40 英里／加仑的耗油量行驶了 50 英里。根据公式我们可以得到：50 英里 ÷（40 英里／加仑），去掉英里数，去海边所消耗的油量可简化为分数 $\frac{5}{4}$ 加仑。返程时杰西卡消耗的油量是 60 英里／加仑，使用同样的公式，可以得到耗油量为 $\frac{5}{6}$ 加仑。于是，全程平均每加仑的耗油量为：

100 英里 ÷（$\frac{5}{6}+\frac{5}{4}$）加仑 = 100 英里 ÷ $\frac{25}{12}$ 加仑 = 48 英里／加仑。

现在，要想计算杰西卡返程的平均耗油量，我们首先要知道杰西卡行驶 100 英里需要使用的加仑数（按平均每加仑行驶 50 英里计算）。

100 英里 ÷（50 英里／加仑）= 2 加仑

在第一个半程，这辆车耗油 1.25 加仑。

于是，如果全程消耗 2 加仑油的话，后半程只能消耗 0.75 加仑油（2 − 1.75）。也就是说返程 50 英里消耗 0.75 加仑油，即 1 加仑油行驶约 66.67 英里。所以返程的平均耗油量应为 66.67 英里／加仑。

39. 车链

鲍勃有一辆新的山地自行车，这辆车前面有 3 条车链，后面

有 6 条车链。前后车链大小各不相同。鲍勃可以使用各种车链的组合来给自行车挂"档"。档位可以帮助他调节车速，更好地上坡或下坡。请问这辆自行车有多少种档位呢？

答案：18 种。

这道题是问：这辆自行车前面有 3 条车链、后面有 6 条车链，你可以有多少种组合方式。答案是将前面的车链数乘以后面的车链数：3 × 6 = 18。

40. 登月

格兰德·芬威克国想要沿着月球赤道开展探索研究。他们雇佣灰灯航天公司建造的一艘强动力火箭到达月球。登陆者到达月球后，宇航员开始探索这一区域，然后沿着赤道移动 100 英里到达另一个地点。

灰灯航天公司告诉格兰德·芬威克国空间站，为了节约经费且避免出现复杂情况，登月飞船不能侧向飞行，必须直行。如果他们想要改变探索区域，必须乘坐飞船，随着月球的自转方向飞行，最终在新的地点着陆。

根据灰灯航天公司的计算，月球赤道周长是 5600 英里，月球旋转的周期（以月球轴心为基准旋转一周）是 28 天。如果灰灯航天公司的理论和数据是正确的话，宇航员从起飞到降落在 100 英里外需要多长时间？

提示：如果月球赤道周长是 5600 英里的话，100 英里就是月球赤道周长的 $\frac{1}{56}$。如果月球以其轴心为基准自转一周为 28 天的话，自转一天转过的路程为 $\frac{5600}{28} = 200$ 英里。于是，你可以计算出飞行周长的 $\frac{1}{56}$ 所用的时间就是一天的一半。

数学上的答案：12 个小时。

宇航员飞行需要半天时间，也就是 12 个小时。

但还是有问题。

真实情况是：这道题的基本物理概念是错误的。当登月飞船从月球起飞时，它是与月球自转同样的速率飞行，并且是侧向运动的。如果登月飞船离月球表面飞行不是很远的话，宇航员不会注意到月球表面的移动，至少不会很快发现这一点。

此外，如果登月飞船离开月球表面，它将以一个恒定的速率沿直线侧向持续运动。月球表面看上去是侧向运动，但登月飞船在直行时，月球实际上是在自转。因此，经过一段时间，宇航员们看到的是月球表面渐渐远离。从理论上讲，应该是离开月球表面直行，然后降落，但是飞船需要的时间远比数学答案上的 12

个小时要多。

另一个我们必须要知道的重要情况是灰灯航天公司在计算月球大小问题上也出现错误。月球的赤道周长不是 5600 英里，而是 6553 英里；此外，月球自转周期不是 28 天，而是 27.3 天。

41. 六月昆虫

斯泰西、特蕾茜、梅茜和克莱德一起创建了六月昆虫乐队。他们乘坐斯泰西的车从一个城市到另一个城市进行演出。斯泰西的车每加仑跑 15 英里。

他们的经纪人为他们在周六的晚上安排了两场演出。一场是在距离 15 英里远的 A 城市音乐厅，收入 200 美元。另一场安排在 150 英里外 B 城市的一个歌厅，收入 300 美元。需要考虑两个因素：经纪人的费用是他们收入的 10%，汽油费是 3 美元 / 加仑。

对于六月昆虫乐队来说，上述两场演出，哪场更值呢？

答案：B 城市歌厅。

A 城市演出，他们收入 200 美元。

• 首先，20 美元（200 × 0.1）给经纪人。

• 其次，这趟演出旅行所需要的油费：3 美元 ×（2×15 英里）÷15 英里 / 加仑 = 6 美元。

• 最终，乐队收入 174 美元。

B 城市演出，他们收入 300 美元。

• 首先，30 美元（300 × 0.1）给经纪人。

•其次，这趟演出旅行所需要的油费：3 美元 ×（2×150 英里）÷15 英里／加仑 = 60 美元。

•最终，乐队收入 210 美元。

42. 周游世界

当费德纳得·马戈林首次环游世界时，在他航行的船上需要带上 18 个沙漏。

马戈林设计的沙漏分别可以计量 30 分钟、1 小时、2 小时和 4 小时。所有的沙漏大小都是相同的，但每一个都有不同量的沙子来计量时间。

想象一下这个沙漏由两个玻璃圆锥体点对点连在一起。为了让沙子顺畅地流动，沙子需要被放置至少 2 英寸高，但不能超过圆锥体长度的 $\frac{3}{4}$。请问：**每个圆锥体沙漏最少要多高呢？**

A. 3 英寸

C. $5\frac{1}{3}$ 英寸 ☞

B. $4\frac{1}{2}$ 英寸

D. 7 英寸

提示：想象一下把一些沙子放在一个圆锥体中。设沙子达到的高度是 h，沙子的体积是 V。现在再想象一下加一些沙子使得沙子的高度增加一倍（$2h$），形成一定量的体积，此时的体积应为 2^3V 或 $8V$。

> 圆锥体的体积公式：
> $$V = \frac{1}{3}\pi r^2 h$$

答案是：C. $5\frac{1}{3}$ **英寸。**

这个比例总是正确的：如果沙子的高度是 $2H$，体积就是 $8V$。

•在我们的问题中，需要 4 个小时所测量的沙子的体积是需要半个小时测量的沙子的体积的 8 倍。

•如果体积增加了 8 倍，高度一定是增加了 2 倍。

•沙子的最大高度是最小高度的 2 倍。这道题告诉我们沙子的最小高度是 2 英寸，于是我们知道沙子的最大高度一定是 4 英寸。

•按照这道题的规定，沙子的最大高度是圆锥体长度的 $\frac{3}{4}$，于是，$4 \div \frac{3}{4} = \frac{16}{3} = 5\frac{1}{3}$ 英寸。

娱乐和体育问题
的答案

43. 史蒂夫、史蒂夫、史蒂夫、玛丽、史蒂夫

5个朋友分别叫史蒂夫、史蒂夫、史蒂夫、玛丽、史蒂夫，他们一起去打棒球。5个中的一个人接住了一个界外球。那么请问史蒂夫接到球和没接到球的概率比是多少？

A. 5∶1   C. 4∶1 ☞

B. 1∶5   D. 1∶4

答案：C. 4∶1。

这里有5个人，其中有4个人叫史蒂夫，所以史蒂夫接到的概率是 $\frac{4}{5}$ 或80%。然而，这个题目问的是史蒂夫接到和没接到的概率比。接到球的概率是 $\frac{4}{5}$，接不到球的概率就是 $\frac{1}{5}$，所以，史蒂夫接到球和史蒂夫没接到球的概率比是 $\frac{4}{5}∶\frac{1}{5}$，即 4∶1。

44. 足球队员

丹尼尔在当地一个叫"周六狂"的足球队踢联赛，队里有

10 名队员。但每次比赛只能有 8 名队员上场。教练总是随机让队员上场。请问丹尼尔上不了场的概率是多少？

答案: 20%。

一种非常简单的计算方法，认为所有球员上场的概率是相同的。那么，在 10 名队员中有 2 名队员是在比赛中不上场的，所以平均每个球员不上场的概率是 $\dfrac{2}{10}$，即有 20% 的概率是坐板凳的。

另一种解题的方法是计算出 10 名队员能排出多少种不上场的组合，并确定其中多少种组合中包含丹尼尔。

选择是随机的，教练可以从 10 名队员中挑选第一个不上场的球员，剩下的 9 名队员都有可能被选择第二个不上场。所以每名球员有 90 种方式可以不上场。一名球员第一个不上场和第二个不上场是一样的，所以我们要把 90 除以 2。我们得到 45 种方式的组合为两名球员不上场。

其次，我们要计算多少种包含有丹尼尔不上场的组合。有 9 名队员可以分别与丹尼尔一起不上场。所以在其中 45 种方式中，有 9 个组合包含丹尼尔。$\dfrac{9}{45}$ 化简为 $\dfrac{1}{5}$，也就是 20%。

45. 循环赛

在一个足球联赛里，共有 10 支球队。他们要进行单循环赛，也就是每一支球队都要与另外的 9 支球队打一场比赛。每场比赛赢的球队会得到 3 分；如果打成平局，每支球队得到 1 分；输掉比赛的球队不得分。

还剩三场比赛的时候，积分靠前的 4 支球队分别是哈密瓜队、斑马队、犰狳队和海狸队。下面是他们的得分：

排名	球队	积分
1	哈密瓜队	21
2	斑马队	17
3	犰狳队	15
4	海狸队	14

假设哈密瓜队最后三场比赛都没有输球，他们或是赢了或是平局。请问海狸队能够凭借后面的优异表现从而赢得整个系列赛的冠军吗？

答案：不可能。

由于哈密瓜队最后 3 场没有输球，所以他们在单循环赛中至少赢得 24 分。而海狸队必须通过最后 3 场比赛得到 10 分，否则他们的积分得不到 24 分。但是他们只剩下 3 场比赛，即使全部赢了也只能拿到 9 分。所以海狸队不可能得到冠军，他们最好的成绩只能是第二名。

46. 棒球的击球率

乔·斯拉格是米德维尔那茵棒球队的队员。在 200 次击球中，乔平均打中球的概率为 0.25。平均击球率等于打中球的次数除以击打的次数。在接下来的100次击打中，他需要打中多少次才能将平均击打率提升到0.3呢？

答案：40。

由于击打300次后平均击打率要达到0.3，所以乔需要打中300×0.3＝90次。

乔在击打200次后平均击打率为0.25。这说明乔总共打中50次。因此，为了确保平均击打率为0.3，在剩下的100次击打中，乔需要击中90－50＝40次。

47. 打球！

莱恩和杰里米完成了他们这个棒球赛季的前两场比赛。这是他们前两场比赛的统计数据。

	莱恩		杰里米	
	打中数／总击打数	平均击打率	打中数／总击打数	平均击打率
第一场	$\frac{3}{7}$	0.429	$\frac{1}{2}$	0.5
第二场	$\frac{1}{4}$	0.25	$\frac{2}{7}$	0.286

综合两场比赛，谁的平均击打率比较高呢？

答案：莱恩。

在这两场比赛中，杰里米一共击打了 9 次，其中 3 次击中，所以他的平均击打率为 0.333；莱恩一共击打了 11 次，其中 4 次击中，所以他的平均击打率较高于 0.333（如果击打 12 次，其中 4 次击中，平均击打率为 0.333）。如果 11 次击打 4 次击中，平均击打率为 0.364。尽管杰里米在每场比赛中都有较高的平均击打率，但是莱恩的总平均击打率还是要高。

48. 巧妙的锁

为了防止自行车被偷，兰斯骑车去商店买了把车锁。这把锁是拥有 4 个可转轮的组合锁，每个转轮可选择数字 0 到 9。如果 4 个转轮的数字都对上了，锁就被打开了。

由于兰斯记忆力不好，他忘记了自己设置的密码，所以我们要帮助他想起来这把转轮组合锁的密码。他只记得使用过 2，4，6，8 四个数字，并没重复使用，是随机设置的密码。因此，我们最多要试多少次才能帮助兰斯把锁打开呢？

答案：24。

你可以通过列举来得出每一种可能，但是我们可以用更快的方法计算出来。

如果兰斯从第一个转轮开始设定的密码，那么他可以选择 2,4,6 或 8。在他选择完一个数字之后，他就没再用这个数字了。所以对于第二个转轮他只用了其中 3 个数字。同样地，对于第三个转轮，他只有两个数字可选。然后，对于最后一个转轮，他只有一个数字可选。所以要计算出兰斯有多少种选择，将可选择的次数相乘，如第一个转轮（4 种选择），第二个转轮（3 种选择），等等，直到乘完所有的转轮。

在本题中，它会有 $4 \times 3 \times 2 \times 1 = 24$ 种选择。

正如你想象的那样，这种情况会经常发生，所以我们给它们起了一个特殊的名字，叫作排列，被定义为"一种没有重复的排序"。我们计算这种排列也有一个特殊的名字，叫阶乘。整数 n 的阶乘是把所有小于等于 n 的整数相乘。这也被写作 $n!$，例如 $4! = 4 \times 3 \times 2 \times 1 = 24$。前 6 个阶乘十分有用，我们要记下来：$1! = 1$，$2! = 2$，$3! = 6$，$4! = 24$，$5! = 120$ 和 $6! = 720$。

49. 灌篮高手

64 支篮球队进入到了季后赛。球队输了，就会被淘汰，直至剩下最后一支球队。那么，最少需要多少场比赛才能决出这个胜利的球队呢？

答案：63 场。

63 场是最多比赛的场次。这是一个常规的季后赛形式，64 支队伍第一轮有 32 场比赛。接着剩下 32 支队伍有 16 场比赛，接下来分别是 8，4，2 和 1 场。1 + 2 + 4 + 8 + 16 + 32 = 63。这里有意思的是所有数都是 2 的幂，也可写为 $2^0 + 2^1 + 2^2 + 2^3 + 2^4 + 2^5 = 2^6 - 1 = 63$。

你要考虑到，如果只剩下一只球队，那么其他 63 支球队都会输掉 1 场比赛。因为每一场比赛都会只有一个赢家和一个输家，那么它需要 63 场比赛去产生 63 个输家和 1 个赢家。

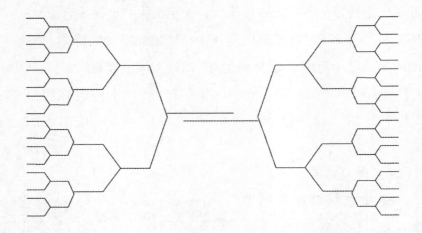

50. 超级短跑运动员

世界级短跑运动员阿利森·弗里费特 100 米成绩为 10 秒左右。如果阿利森保持这个速度跑完一个完整马拉松（42.195 千米），大约需要多长时间呢？

A. 10 分钟   C. 3 小时

B. 1 小时   D. 6 小时

答案：B. 大约 1 小时。

• 首先计算出阿利森每秒钟跑的速度为：100 米 / 10 秒 =10 米 / 秒；

• 为了计算跑马拉松的时间，我们需要用路程除以速度，在计算之前先统一单位。我们先算一下 45 千米（因为这个数字容易计算），45 千米 = 45000 米，45000 ÷ 10 = 4500 秒；

• 我们将 4500 秒折换成小时，即除以 3600（1 小时是 3600 秒）。

• $\frac{4500}{3600} = \frac{5}{4} = 1.25$ 小时。

因为马拉松路程小于 45 千米，所以，答案为 B。

但实际上，用冲刺的速度完成马拉松全程是不可能的。世界级的运动员一般需要 2 ~ 2.5 小时跑完一个全程马拉松。

51. 完美分数

把下列运动的满分进行配对：

A）300	1）越野比赛
B）180	2）保龄球
C）15	3）棒球
D）完封	4）飞镖

答案： C（1），A（2），D（3），B（4）。

一局保龄球由 10 轮组成，每轮投手有两次投球的机会，需要将 10 个保龄球瓶击倒。如果投手一次击倒所有球瓶（全中），这轮他的得分就是 10 分加上下两次击倒的球瓶数。如果投手两次击倒所有球瓶（补中），这轮他的得分就是 10 分加上下一次击倒的球瓶数。剩下的情况就是投手的得分是他此轮击倒的保龄球的数量。每局最高得分是在每一轮中得到 30 分（连续三次全中），并且包括第 10 次每次必须全中（如果第 10 次全中，你会得到额外两次投球机会）。完美分数为 $30 \times 10 = 300$。

飞镖：飞镖盘被分成 20 个区域，得分从 1 到 20 分。一个区域中也有双倍区和三倍区。中间的圆圈是靶心。每名运动员一轮有三次投镖机会。三次投镖最高可能的得分是 180，说明三次飞镖都投进了 20 分的三倍区域里。下面是得分情况：

• 投进其中一个区域的大部分，那么得到那个区域所对应的得分。

• 投进其中一个区域靠外窄细条中，那么得到那个区域所对应得分的两倍。

• 投进其中一个区域中间窄细条中，那么得到那个区域所对应得分的 3 倍。

• 投进中心圆圈外面的环得到 25 分，投进里面的圆圈是靶心，得到 50 分。

在越野赛中，得分通常是基于每一个队前 5 名选手完成比赛的名次。一个队的完美分数是 15（1+2+3+4+5），队员必须每次进前 5 名。

棒球不同于本题中的其他几项运动。在棒球中，一个"完美分数"是指一个球队去阻止对手得分，所以最终对手应该是零分（例如 1-0，3-0，32-0 等）。当一支球队阻止对手得到任何分被称为"完封"。"无安打"出现在当对手没有击中任何球,虽然对手可能在没有击中球的时候获利。"完美分数"在棒球中特别特别少见。当一位棒球投手投出了一个"完美分数",这就意味着他不会让对手上一垒。27个击球者全部出局。这意味着对手没有人能在球场上跑起来,没有失误,没有击球,特别是对手没人跑回本垒!

52. 网球发球

一位职业网球手发球速率可达 120 ～ 150 英里 / 时。莎莉刚刚开始学习网球,所以她发球只能达到 80 英里 / 时(120 英尺 / 秒)。网球中,比赛双方中一方发球,球落在有效区内,但对方没有触及球而直接得分,叫 ace 球。通常,一个 ace 球会飞过约 80 英尺落在对方球场的角落上。如果莎莉离地面 7 英尺发球,她想赢球的最佳发球轨迹是什么角度呢?

A. 向上倾斜   C. 向下倾斜

B. 水平

答案:A. 向上倾斜。

如果水平发球，球必须以每秒 120 英尺的速度飞过 80 英尺，球需要 0.67 秒水平方向到达对方场地。

在这里，我们需要计算出一个物体需要多长时间下落。物体下落的一个相对准确的公式是：$t = \frac{1}{4}\sqrt{h}$，在这里，t 的单位是秒，h 的单位是英尺。如果网球从 7 英尺下落，根据公式很容易使用计算器得到 7 的平方根，大约是 2.65。再乘以 $\frac{1}{4}$，计算出球的下落需要 0.66 秒。

引力会使球在落到想要达到的位置前将其拉回地面。为了将球发向一个合适的位置，必须向上倾斜一点。这意味着击球时，必须向上倾斜。

53. 大三元

在 Monopoly 游戏中，你可以一次掷两个骰子，根据骰子的总数移动相应的空格数。如果你掷的两个骰子点数一致，那么你可以再掷一次。如果你连续掷了三次，每次两个骰子点数都一致，那么，你会被直接送进监狱，这意味着你不能走了，且不能得到 200 美元。这件事情发生的概率有多大呢？

A. $\frac{1}{6}$

B. $\frac{1}{36}$

C. $\frac{1}{216}$

D. $\frac{1}{1000000}$

提示：首先，你要算出第一次掷的骰子点数相同的概率。

答案：C. $\dfrac{1}{216}$。

一个骰子每次投掷后的结果有 6 种可能，两个骰子投掷后的结果一共有 36 种可能。两个骰子数相同的话有 6 种可能（1-1，2-2，3-3，4-4，5-5，6-6）。这 6 种可能在一共 36 种可能中占 $\dfrac{1}{6}$。第二次、第三次和第一次的情况相同。因为每次掷骰子不会相互影响（在每次投掷骰子时骰子并没有记忆性），我们需要把每次得到的结果相乘。我们可以得到 $\dfrac{1}{6} \times \dfrac{1}{6} \times \dfrac{1}{6} = \dfrac{1}{216}$。

经济问题的答案

54. 节省和存钱

判断下列描述是对还是错：

你的父亲同意帮你存钱买一个棒球拍。拍子需要 100 美元。你父亲同意资助你挣到钱的 10%。你通过辛苦工作挣到了 90 美元。加上你父亲的资助，你有足够的钱去买那个拍子。

答案：错！

你的父亲同意资助你挣到钱的 10%。你目前资金为 90 美元，所以你的父亲资助为 9 美元。90+9=99 美元。还差 1 美元哟！

有个问题是多少钱加上 10% 等于 100 美元？

如果你目前存有 S 美元，那么等式为：

$$S + 0.1 \times S = 100 \text{ 美元}$$

化简为：

$$S(1 + 0.1) = 100 \text{ 美元} \quad S = \frac{100}{1.1} \quad S = 90.91 \text{ 美元}$$

所以你需要存 90.91 美元。现在你的父亲资助你 10%（四舍五入到最接近的美分），他会给你 9.09 美元，这样你就有了你需要的钱了！

> **知识点**：利用这个等式来计算简单的银行利息非常有用。这个等式是 $P(1+i) = B$，这里 P 是本金，i 是利息，B 是余额（见第 65 题）。

55. 一个好的投资

作为一个灰灯泡厂的员工，你有机会将你努力赚到的钱投资到工厂的一些投资项目中。这些投资项目都是每五年一个周期。灰灯泡厂的经济专家给员工提供了3种可选择的投资方式。你的投资回报是一个投资年数（Y）的等式，每五年一个周期。下面是投资增长的等式。下列哪种方式会在一个周期内得到最多回报呢？

A. 线性增长：$35Y$

B. 三次方增长：Y^3

C. 指数增长：2^Y

答案：A. 线性增长。

如图，我们可以看到在第六年三次方增长超越了线性增长，迅速变为了更好的投资方式。如果我们把时间延长至11年，我们能够看到在第10年的时候指数增长曲线超过了三次方增长曲线。所以如果灰灯泡厂可以让投资的时间更长的话，三次方增长和指数增长方式的投资会更好，但仅按五年一个周期的投资，线性增长的回报率最高。

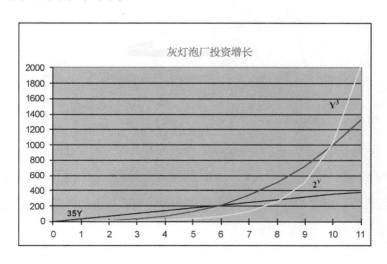

56. 房地产事物

三个房地产经纪人合伙开办了一家公司。经过一段时间，他们每个人都将他们销售房子的业绩做了海报贴在墙上。三张图表代表了他们各自在同一个时期内房屋销售数目的精确数值。如果你决定去卖掉你的房子，并想选择他们三个当中的一个人作为你的代理。基于这些销售数值，你认为哪个房产经纪人是最好的选择呢？

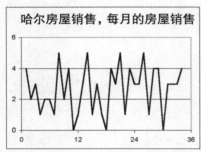

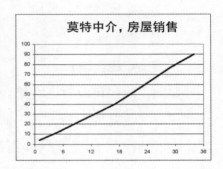

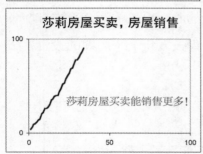

答案：他们卖房子的数量是一样的。

数据会因为刻意的掩饰而变得具有欺骗性。这道题就是这本书中最贴近真实生活的题目。数据可以被处理，并且用不同的形式来表达。正因为如此，每个人都应该学会一些从伪装的数据中分辨真正数据的基本方法。

哈尔的房屋市场销售图做得是最差的。他的数据虽然是真实的，但很难与其他两个人相比较。哈尔所展示的数据是每个月的房屋销售数量。有些月份销售了5套房子，但有些月份根本就没有卖出房子。他想让他的潜在客户看到这样的状态吗？

莎莉和莫特展示了几乎相同的曲线。莎莉在图表中展示的一些波动让我们感觉到它比莫特的数据更加真实一些。因为莎莉把展示的横坐标时间（x轴）变长，这使人们感觉她比横坐标时间短的莫特更加成功。同时，因为莎莉的图表中房子销售的最高值为100，使你想象到她已经卖掉了大约100套房子。另一方面，莫特在图表上只有几个数字使你想象到他大约卖掉了90套房子。事实上他们卖了相同数量的房子。

记住，数据可以用不同的方式表达。如果它们展示的方式让你眼花缭乱，你要自己来判断这些数据是否是真实的，是否是原始的数据，总之，需要你自己做分析。处理数据被归在统计学范畴内。记住这个谚语："谎言、大谎言和统计数字 。"（**译者注：**这是一句西方流行的谚语，表示数字很有说服力，特别是使用统计数字来支持无力的证据。在口语中，有时用来怀疑对方的统计数字。——来源维基百科）

57. 检查电子商务

朱利欧攒钱准备买部最新的游戏机 PONG 8000。像许多精明的顾客一样，朱利欧在决定花掉他一整年的存款之前，在网上做了一个价格分析。最终，他决定在3家店中选一家购买这部游戏机。欧姆商场是一家地面店，覆盖和我们卖世界都是网店。基于下面的图表，哪家店的价格最合适呢？

店名	价格	折扣	销售税	运费	到达时间
欧姆商店	260 美元	–	10%	–	自取
覆盖	255 美元	–	–	25 美元	5～7 天
我们卖世界	250 美元	5%（网购）	10%	20 美元	2～3 天

答案：覆盖网店。

虽然我们卖世界网店报出了最低价格并有折扣，但税和运费加起来总费用是：250（100% − 5%）（100% + 10%）+ 20 = 250 × 0.95 × 1.1 + 20 = 281.25 美元。

在欧姆商店总共的费用是：260（100% + 10%）= 260 × 1.1 = 286 美元。

在覆盖网店总共的费用是：255 + 25 = 280 美元。

虽然送货时间略长一点，但从覆盖网店买游戏机，对朱利欧来说是最省钱的。

58. 土拨鼠查克

吉尔斯看到报纸上有条广告，一家商店五折销售土拨鼠喜欢啃的木头。这对于吉尔斯来说是个好消息，因为他知道他的土拨鼠查克是多么地喜欢啃木头。在这家店里，吉尔斯找到了土拨鼠最喜欢啃的木头（当然是枫树木），这种木头在最低价格上再给一张额外的五折优惠卡。收银员告诉

他，优惠 50% + 50% = 100%，所以这袋木头就不要钱了。收银员说得对吗？

答案：不对。

吉尔斯是个诚实的孩子，他纠正收银员的说法，并解释了购买土拨鼠木头不是免费的。应该是二五折。

原因是：

• 第一个是五折，所以将土拨鼠木头的价格变为了原价的 50%；

• 第二个折扣是 50% 后的 50%，或可以说是原价的 25%。

• 所以最后优惠了 50% + 25% = 75%。

59. 购买 DVD

艾宝妮想要买一些新的 DVD 光盘。幸运的是，丹迪戴夫 DVD 光盘商店正好有促销活动。买一张打八折，买两张，每张打七折，买 3 张以上，每张打六折。艾宝妮看到了 5 张她喜欢的 DVD 光盘，但是她只有 25 美元的礼品卡。当购买的时候，她需要加上 5% 的税和用礼品卡每消费一笔收取 1.5 美元的手续费。

按下面的价格表，在 25 美元的预算下，艾宝妮最多能买到多少张 DVD 呢？

DVD 光盘	价格
猎兔传奇	15 美元
软奶酪	15 美元
白夜	20 美元
群众	20 美元
神遣之日	25 美元

答案：两张。

很明显，最优惠的情况就是每张光盘都能够打六折。所以艾宝妮至少要选 3 张最便宜的光盘。它们加起来是 15 美元 + 15 美元 + 20 美元 = 50 美元。六折后为 30 美元。计算一个数的 40% 有些难，但我们可以换一种方法计算。计算出一个数的 10% 却简单得多，你只要把它除以 10。所以 50 美元的 10% 是 5 美元。一个数的 40% 是一个数 10% 的 4 倍，所以 50 美元的 40% 是 4 乘以 5 美元等于 20 美元。

我们可以对找两张最便宜的 DVD 光盘做类似的计算。它们加起来为 30 美元，打七折最终折后价格为 21 美元。这个数是小于 25 美元的。但是我们还需要考虑其他两种情况。

一是税。我们要加上 5% 的税。计算税我们可以想到 5% 是 10% 的一半。21 美元的 10% 是 2.1 美元，它的一半就是 1.05 美元。我们把它加上 21，得到 22.05 美元。

第二是我们需要加上 1.5 美元一次的服务费，然后得到的是 23.55 美元，它仍然比 25 美元要少。因此，艾宝妮最多能买到两张 DVD 光盘。

60. 花生神童

在格佛村，杂货店被要求不仅要列出货架上产品的价格，还要列出产品的单价。产品的单价可以帮助客户快速找出哪种包装价格更便宜。

有一天，爱丽娜去瑟夫杂货店买花生。在货架上，她看到"格佛好"牌花生和它的价签。

单价	格佛好花生
每盎司 13.7 美分	4.37 美元
	32 盎司包装

挨着"格佛好"牌花生，她又看到了"常规吉尔"牌花生和它的价签。

单价	常规吉尔花生
每盒 24.84 美元	2.07 美元
	16 盎司包装

买哪个牌子的花生更划算呢？

提示：一个价签的单位价格有错误。

答案:"常规吉尔"牌。

"格佛好"价签用的是以盎司计价,"常规吉尔"价签用的是一盒的价格作为单价,并不是盎司。在这个例子中,我们必须在脑子里回到老式做数学题的方法。

第一件事是注意"格佛好"的包装是 32 盎司——"常规吉尔"包装重量的两倍。在这种情况下,如果"格佛好"的价格比"常规吉尔"的两倍低,那么"格佛好"的价格就更划算。4.37 除以 2.07 大于 2,所以"常规吉尔"牌的价格更划算。

61. 为冰激凌尖叫

奥格和尼德霍格一起去洛克斯公司取 55 加仑/桶他们最喜欢的冰激凌(当然少不了石板街冰淇淋)。他们计划开一个冰激凌商店,把冰激凌分成 4 盎司一份,售价每份 50 美分。他们购买冰激凌需要支付 220 美元,冰激凌的筒不用付钱。如果他们把购买的冰激凌都卖出去,他们能够得到多少利润呢?

    A. 他们会亏本   C. 660 美元 ☞

    B. 180 美元   D. 1100 美元

答案:C. 660 美元。

首先我们要计算出每加仑冰激凌多少钱:$220 \div 55 = 4$ 美元。

之后,我们计算出奥格和尼德霍格每加仑可以得到的利润:

• 1 加仑 = 4 夸脱 = 8 品脱 = 16 杯 = 128 盎司。

• 因为分成 4 盎司大小一份,每加仑可以分成 $128 \div 4 = 32$ 份。

• 每份 50 美分,所以他们每加仑可以卖 16 美元。

• 利润等于收益(他们挣的钱)减去成本(买冰激凌的钱),也就是 $16 - 4 = 12$ 美元。所以 55 加仑的冰激凌可以得到

$55 \times 12 = 660$ 美元。

62. 小费

在谷伯村，人们在餐馆吃饭需要加收 7% 的税。通常还会给服务员一些报酬（也叫小费）来肯定对你的服务。小费的金额一般是税前消费金额的 15% ~ 20%。巴菲去了一家餐馆吃饭，她的账单上写着食物 28.5 美元，税 2 美元。估计小费的金额。

A. 4.5 ~ 5 美元 ☞   C. 10 美元

B. 6 ~ 7 美元   D. 以上选项都不对

账单
食物：28.5 美元
税：2 美元
总计：30.5 美元

答案：A. 4.5 ~ 5 美元。

所有在 4.28 美元到 5.7 美元之间的金额都对。有很多种方法可以估计出小费的金额。下面是其中的几种好方法：

方法 1：

• 税为 7%，并且账单上显示的税是 2 美元。如果我们把税的金额乘以 2，我们知道 14% 是 4 美元。

• 如果我们把税的金额乘以 3，我们知道 21% 是 6 美元。

• 14% 低了，21% 高了，所以我们把这两个数平均一下，得到 5 美金，这就是 17.5% 的小费。

方法 2：

•如果我们把账单的小数点位置往左移动一位，我们就得到了它的 10%。现在我们可以再加上这个数的一半我们就得到 15% 的小费，或者把这个数乘以 2 就得到了 20% 的小费，如果你认为服务员真的做得这么好！

63. 买轮胎

农夫卡比波的卡车需要更换新轮胎。在轮胎厂，他找到了两种不同型号的轮胎。"超级奢华泥土抢夺者"牌轮胎直径为 60 厘米，"优质道路钳子"牌轮胎直径为 50 厘米。"优质道路钳子"牌轮胎比"超级奢华泥土抢夺者"牌轮胎的价格低 10%。选择哪个牌子的轮胎更好呢？

答案："超级奢华泥土抢夺者"牌（贵的这个）。

在一定的里程中，直径小的轮胎会比直径大的轮胎承受更多的磨损。这是因为轮胎的磨损与其在地面上跑多少圈有关。在同样的距离中，直径小的轮胎需要在地面上转动次数多。这是因为圆的周长（C）与它的直径（d）成正比。公式为 $C = \pi d$（记住 π 近似于 3.14）。

便宜的轮胎周长是贵的轮胎周长的 $\frac{5}{6}$。便宜的轮胎价格是贵的轮胎价格的 $\frac{9}{10}$。如果你买"优质道路钳子"牌轮胎你将省 10% 的费用，但在轮胎报废之前，要比"超级奢华泥土抢夺者"牌轮胎少跑 16% 的千米数。

所以贵的轮胎实际上是更好的选择。

64. 卖电话卡

玛丽有一张电话卡。打电话时，第一分钟需要花费 1 美元，接下来的每一分钟以及最后结束时不到一分钟都要花费 10 美分。在玛丽住的旅馆中，旅馆的电话可以任意拨打，但每天需要花费 5 美元。玛丽打算住一天，要打 3 个电话，每个电话要通话 8 ～ 10 分钟。她用哪种方式拨打电话更划算呢？

答案：旅馆里的电话。

如果用电话卡打电话，三个 8 分钟的电话每个电话需要花费 1.7 美元（第 1 分钟 1 美元，加上 0.1 × 7 = 0.7 美元）。所以一共需要花费 3 × 1.7 = 5.1 美元。

如果每个电话打 10 分钟，每一个电话都要花费 1.9 美元（1 + 9 × 0.1 = 1.9 美元），一共需要 3 × 1.9 = 5.7 美元。

无论怎样，旅馆里的电话（每天 5 美元）是更好的选择。

65. 利息问题

你存入银行账户 100 美元，利息是每年 2% 的复利。如果利率不变，并且你不再存其他的钱进入这个银行账户，那么大约多长时间这个银行账户里有 200 美元呢？

A. 5 年   C. 36 年 ☞

B. 16 年   D. 50 年

答案：C. 36 年。

利息是银行因为你把钱存入银行而支付给你的钱。利息的多少取决于存入银行账户里已经有多少钱。所以说 100 美元获取 2% 的利率说明银行一年要支付给你 2 美元。这是你账户里钱的 2%。复利是所生利息再加上你的本金（本金是你开始的时候存入的钱）加起来去计算下一期的利息。所以新的利息计算时不仅要加上本金而且要加上之前产生的利息。复利的计算越频繁，本金增长得越快。

这时候我们有两种计算方法。我们可以事先估计出结果或用数学方法来进行计算。让我们先来估计一下答案。在金融界里，有一个标准的估算方法称为"72 法则"。这个法则是说明存入银行的钱多少年能翻多少倍是可以通过用 72 除以利率（除去百分号）来估算的。在这个题中，我们可以用 72 除以 2（代表 2% 的利率），估计出结果为 36 年。

如果你需要精确的答案，可以这样计算。计算银行利息，用等式 $P(1+i)^n = B$，其中 P 是本金，i 是年利率，n 是年数，B 是余额。所以如果你的 100 美元放入银行账户并且有 2% 的年复利率，所以在第一年结束的时候你会有 $100(1+0.02)=102$ 美元。假设你不再存其他钱进入这个银行账户，在第二年结束的时候你会有 102 美元加上复利，为 $102(1+0.02)=104.04$ 美元，这就是你账户的最新余额。

所以我们必须要做上述计算直到结果至少是 200 美元，或者我们需要去对下面等式的 n 进行求解：$100(1+0.02)^n = 200$。你是不是觉得我们用"72 法则"去估计更简单些呢？

66. 计算抵押贷款

孔苏埃拉已经决定在字母街 1999 号买一栋紫色的房子。她与王子房地产公司的经纪人纳尔逊· 罗杰斯经过讨价还价把房价定在了 200000 美元。为了支付这笔房款，她需要从谷伯村银行借 167000 美元。这是一个 30 年固定利率且需要每月偿还的贷款，年利率为 6%（在这个案例中，利息是孔苏埃拉向银行借钱后需要支付给银行的钱）。

孔苏埃拉每个月还贷款 1000 美元。还款中一部分支付的是银行利息，剩下的是偿还本金。这种行为叫"分期支付贷款"。在 360 个月（30 年）后，用最后一笔钱把借款的数额清为零，孔苏埃拉就彻底拥有这栋房子了。那么，孔苏埃拉在完成全部贷款后，需大约支付多少钱的利息呢？

A. 10000 美元　　　　　　　C. 100000 美元

B. 50000 美元　　　　　　　<u>D. 200000 美元</u>　　

提示：最简单的方法就是去计算孔苏埃拉一共支付了多少钱，然后减去应该偿还的本金部分。本金就是贷款在计算利息之前的原始金额。

答案：D. 200000 美元。

这里介绍的是如何估算利息数额的方法。从孔苏埃拉每月支付还款这个基本事实开始：

360 个月乘以每月 1000 美元，等于 360000 美元。

360000 − 167000 = 193000 美元，接近 200000 美元。

分期付款开始 12 个月和最后 12 个月比较见下表：

开始 12 个月				
月	月付款	支付利息	偿还本金	剩余欠款余额
				167000.00 美元
1	1000 美元	833.38 美元	166.62 美元	166833.38 美元
2	1000 美元	832.55 美元	167.45 美元	166665.93 美元
3	1000 美元	831.71 美元	168.29 美元	166497.64 美元
4	1000 美元	830.87 美元	169.13 美元	166328.52 美元
5	1000 美元	830.03 美元	169.97 美元	166158.54 美元
6	1000 美元	829.18 美元	170.82 美元	165987.73 美元
7	1000 美元	828.33 美元	171.67 美元	165816.05 美元
8	1000 美元	827.47 美元	172.53 美元	165643.53 美元
9	1000 美元	826.62 美元	173.39 美元	165470.14 美元
10	1000 美元	825.75 美元	174.25 美元	165295.88 美元
11	1000 美元	824.88 美元	175.12 美元	165130.76 美元
12	1000 美元	824.00 美元	176.00 美元	164944.76 美元

最后 12 个月				
月	月付款	支付利息	偿还本金	剩余欠款余额
349	1000 美元	57.99 美元	942.01 美元	10677.64 美元
350	1000 美元	53.28 美元	946.72 美元	9730.92 美元
351	1000 美元	48.56 美元	951.44 美元	8779.48 美元
352	1000 美元	43.81 美元	956.19 美元	7823.30 美元
353	1000 美元	39.04 美元	960.96 美元	6862.34 美元
354	1000 美元	34.25 美元	965.75 美元	5896.58 美元
355	1000 美元	29.43 美元	970.57 美元	4926.01 美元
356	1000 美元	24.58 美元	975.42 美元	3950.59 美元
357	1000 美元	19.71 美元	980.29 美元	2970.31 美元
358	1000 美元	14.82 美元	985.18 美元	1985.13 美元
359	1000 美元	9.91 美元	990.09 美元	995.03 美元
360	1000 美元	4.97 美元	995.03 美元	0.00 美元

在开始的几个月，超过 80% 的月付款是用来支付利息，很少的钱用来支付欠款。在最后几个月，情况恰恰相反。因为剩余的欠款余额减少，所以用来支付利息的款也相应减少。

在现实生活中，月支付的数额是用年利率（i），剩余欠款余额（L）和支付次数（n）来决定的。它通常会用计算器、电子表格程序或计算机来计算。但是如果你有时间去计算，你可以依据下面的公式去求月支付数额：

$$P = \frac{\left(\dfrac{i}{12}\right) \times L}{1 - \left(\dfrac{1}{1 + \dfrac{i}{12}}\right)^{n}}$$

它解释了你为什么需要计算机的帮助！

声明：如果你用一个金融计算器，你会发现月支付的数额接近于 1001.25 美元。如果你能够借助金融计算器得出更精确的数字，那就恭喜你！

67. 什么时候还信用卡的钱

奥格刚刚收到了马斯特罗克公司的信用卡，这是他第一张信用卡。第一个月，奥格的消费就超出了他的支付能力，花费了 1000 美元，多数都用于下载音乐。马斯特罗克公司告知他每个月至少需要支付消费额的 2%，并且不能少于 10 美元。与此同时，在第一个月之后的每一个月他还要支付欠费余额的 1.5% 作为利息加入到他的账户中。奥格打算在支付完这笔欠款前不再欠更多的钱。假设奥格每个月都只支付最小数额，奥格大约多长时间才可以还完所有的钱呢？

      A. 1 年   C. 10 年

      B. 5 年   D. 20 年 ☞

答案：D. 20 年。

如果每个月只支付最小的金额，那么它需要将近 20 年来完成。最小支付金额（剩余欠款余额的 2%）刚刚比支付的利息（1.5%）多一点。这说明剩余欠款余额会下降得非常慢。这是分期付款的另一个例子。下面是开始 12 个月的情况：

	月付款	支付利息	偿还本金	剩余欠款余额
				1000
1	20.00	0.00	20.00	980.00
2	19.60	14.70	4.90	975.10
3	19.50	14.63	4.87	970.23
4	19.40	14.55	4.85	965.38
5	19.31	14.48	4.83	960.55
6	19.21	14.41	4.80	955.75
7	19.12	14.34	4.78	950.97
8	19.02	14.26	4.76	946.21
9	18.92	14.19	4.73	941.48
10	18.83	14.12	4.71	936.77
11	18.74	14.05	4.69	932.08
12	18.64	13.98	4.66	927.42
总共	230.29	157.71	72.58	

值得注意的三件事情：

1. 在第一个月中没有利息，说明如果奥格立即付完了欠款，那么他就不会有利息的产生。

2. 因为欠款余额在下降，所以最小支付金额也在下降。

3. 在完成了 12 个月的支付后，几乎三分之二的月付款用来支付了利息，只有三分之一用来支付他自己的欠款。

在第 229 个月（19 年零 1 个月），欠款余额下降到 10 美元以下，奥格最终完成了还款。所以在超过 19 年的时间里，奥格为他欠的 1000 美元一共支付了 2871.27 美元，剩余的 1871.27 美元作为利息给了信用卡公司。

这个故事告诉我们：最大可能的偿还信用卡，你将会减少利息的花费。或者最好是不要超支，并且每个月都要还清信用卡。

信用卡公司希望你花得越多越好，并且每个月只支付最小金额，这样他们才能够赚到更多的钱。这里面我们提到的这个利息率是非常常见的。如果你只支付最小金额，你最终支付给信用卡公司的利息几乎是你原来买这个东西价格的两倍。

68. 美味的糖果

你正在糖果机前买糖果。你可以用 50 美元买 850 颗大糖果，或者用 100 美元买 8500 颗小糖果。之后你卖大糖果 25 美分一个，小糖果卖 5 美分一个。你总共有 100 美元可以用来花费，你选择哪一种糖果会带来更大的利润呢？

A. 大糖果　　　C. 都一样

B. 小糖果

答案：C. 都一样。

对于 100 美元，你可以买 850 × 2 = 1700 颗大糖果，或者

8500 颗小糖果。如果你卖大糖果，会得到 $1700 \times 0.25 = 425$ 美元；如果你卖小糖果，会得到 $8500 \times 0.05 = 425$ 美元。一颗小糖果是一颗大糖果花费的 $\frac{1}{5}$，但是产生的利润也是大糖果的 $\frac{1}{5}$，所以两种糖果带来的利润是一样的。

69. 卡比柏干果酱

农夫卡比柏正在卖卡比柏果酱。他预测如果把价格定在每罐 4 美元，他可以卖掉 120 罐。他认为价格每提升 1 美元意味着要少卖 20 罐。另一方面，如果每下降 1 美元，那么他可以多卖 20 罐。如果他想得到最大的利润，那么每罐要在多少钱合适呢？

A. 3 美元　　　　　　　　　C. 5 美元 ☞

B. 4 美元　　　　　　　　　D. 7 美元

答案：C. 5 美元。

让我们做一个表格看看 0 ~ 10 美元之间的情况：

每罐价格	卖的数量	利润	每罐价格	卖的数量	利润
0 美元	200	0 美元	6 美元	80	480 美元
1 美元	180	180 美元	7 美元	60	420 美元
2 美元	160	320 美元	8 美元	40	320 美元
3 美元	140	420 美元	9 美元	20	180 美元
4 美元	120	480 美元	10 美元	0	0 美元
5 美元	100	500 美元			

或者我们可以做一个价格曲线，见下图：

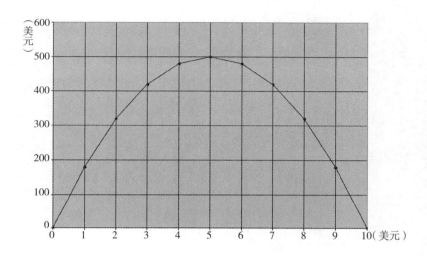

这是以下列等式做的一个抛物线：$y = 20 \times (10 - x)$。最高利润就是最高的点（抛物线的顶点），此时果酱价格为 5 美元。

知识点： 所有的卖家在做生意时都会考虑如何定价。如果定价太高，就不会卖出太多产品，结果也不会挣很多的钱。但是如果定价太低，虽然卖出非常多的产品，但也不会挣很多的钱。制定价格需要在顾客的需求和产品的供给上找到一个平衡点。如果顾客需求增加了，那么产品的供给会减少，价格就会上涨。如果顾客需求减少了，那么产品供给会增多，价格就会下降来刺激顾客的需求。在经济学中，这叫作"供求法则"。

自然、音乐和
艺术问题的答案

70. 纳秒

海军少将格瑞丝·莫瑞·霍伯（1906—1992）是一位计算机学家。她以纳秒视觉演示而闻名。有人曾经问她为什么卫星通信耗时这么长，她就拿出了几段金属线。每段金属线的长度是光传播 1 纳秒的距离。

我们知道光传播 1 秒的距离是 186000 英里（1 英里大约 1.6 千米），你知道海军少将霍伯的纳秒金属线有多长吗？

A. 大约 1 英寸　　　　　　　C. 大约一码

B. 大约 1 英尺 👉

答案：B. 大约 1 英尺。

要想弄清楚霍伯的纳秒金属线有多长，我们需要从光 1 秒穿过多少英里换算出光 1 纳秒传播的距离。

要计算光 1 纳秒传播的距离，我们需要用光 1 秒传播的距离乘以 10^{-9}，因此，我们得到 $186000 \times 10^{-9} = 1.86 \times 10^{-4}$ 英里 / 纳秒。

接下来，我们需要把英里 / 纳秒转换成英尺 / 纳秒。所以我们用 1.86×10^{-4} 乘以 5280 英尺。这个计算相对比较复杂。

我们可以做一些估计。首先我们把 1.86×10^{-4} 四舍五入到 2×10^{-4}，并把 5280 估计为 5000。我们可以得到 $0.0002 \times 5000 = 1$ 英尺 / 纳秒。

它的真实值是 0.98 英尺 / 纳秒。

> **知识点：** 霍伯少将也是做计算机调试工作的。她给第一台计算机做调试（第一台计算机体积非常庞大，需要走进它里面进行工作）。这台计算机有很大的机械转换开关，一只蛾子曾经飞进去被压扁了。这只蛾子挡住了开关导致机器不能正常运行。当一些人问到为什么机器不能运行，霍伯说需要等一会儿它正在"调试"（Debug）计算机。顺便说下，人们可以在史密森尼学会看到第一只飞进计算机的蛾子。

译者注： 为IBM"马克1号"编制程序的女数学家正是格瑞丝·莫瑞·霍伯，有一天，她在调试程序时出现故障，拆开继电器后，发现有只飞蛾被夹扁在触点中间，从而"卡"住了机器的运行。于是，霍伯诙谐地把程序故障统称为"臭虫（Bug）"，把排除程序故障叫"Debug"，而这奇怪的"称呼"，竟成为后来计算机领域的专业术语。

71. 图形对称

我们想象下，当你转动一个图形，随着你的旋转，这个图形在某一时刻会与旋转之前重合（旋转角度小于360°），这样的图形叫作旋转对称图形。例如，一个等边三角形，每旋转120°，得到的图形和原来的图形是重合的。等边三角形就是旋转对称图形。

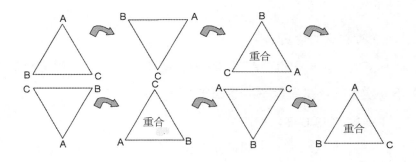

由于等边三角形在旋转 360°内可以有三次与原来的图形重合，所以它被称为"旋转对称次数 3"。

在自然界中，一些物质的形状也是旋转对称图形。下面这些物质图形的旋转对称次数是多少呢？

A.

C.

B.

答案：A. 雪花"旋转图形次数 6"。

　　　　B. 花"旋转图形次数 5"。

　　　　C. 鹦鹉螺壳不是旋转对称图形，这种螺壳代表的形状

　　　　　　叫作对数螺线。

72. 艾比的生日

艾比出生于 1997 年 7 月 21 日，星期一。那么，对于她来说，下一次生日还是星期一的是哪年？

答案：2003 年。

一年有 365 天，一星期是 7 天，用 365 除以 7 余数是 1。如

果 365 除以 7 没有余数，那么她每年的生日都在星期一。正因为余数是 1，每年艾比生日的星期数都要推后一天。1998 年，艾比的生日是星期二。在 1999 年，艾比的生日是星期三。2000 年，是一个闰年，那么艾比生日的星期数不是推一天而是要推两天，所以她的生日是星期五。

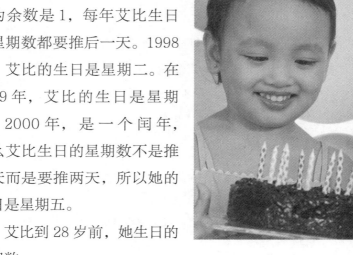

艾比到 28 岁前，她生日的星期数：

1997 星期一	2004 星期三	2011 星期四	2018 星期六
1998 星期二	2005 星期四	2012 星期六	2019 星期日
1999 星期三	2006 星期五	2013 星期日	2020 星期二
2000 星期五	2007 星期六	2014 星期一	2021 星期三
2001 星期六	2008 星期一	2015 星期二	2022 星期四
2002 星期日	2009 星期二	2016 星期四	2023 星期五
2003 星期一	2010 星期三	2017 星期五	2024 星期日

因为一个星期有 7 天，并 4 年有一个闰年，所以每 28 年是一个循环。

这种循环在 2100 年时不成立，因为在结尾是 "00" 年份的时候不是闰年，除非它被 400 整除。所以 2000 年是闰年，2400 年是闰年，但是 2100 年，2200 年，2300 年都不是闰年。

73. 等比模型

迈克尔·安吉洛接受了一项任务要建造一座铜像。在建造这座整体铜像之前,他需要先做一个长、宽、高均为铜像十分之一大小的等比实体模型。这个实体模型质量为 2 磅。当他完成整体铜像后,他自己能够搬起这座铜像吗?

答案:不能。

实体模型的长、宽、高是铜像长、宽、高的 $\frac{1}{10}$,所以实体模型的体积是整体铜像体积的 ($\frac{1}{10}$)³。换句话说,这个实体模型体积是真正铜像的 $\frac{1}{1000}$。现在我们知道了等比实体模型的体积是建好铜像的 $\frac{1}{1000}$,而且它们使用了同样的材质,因为 质量 = 密度 × 体积,所以等比实体模型是建成铜像质量的 $\frac{1}{1000}$。

该题说实体模型质量为 2 磅,所以建成的铜像应该为实体模型质量的 1000 倍,即为 2000 磅。这个质量对于人来说是无法搬动的。

74. 飞鼠布巴

南部飞鼠最大的滑行比例是 3:1,这说明它滑行每下降 1 英尺,可以水平飞行 3 英尺。

飞鼠布巴飞上了 75 英尺高的山胡桃树顶。在它啃食胡桃的时候,发现一个可爱的松鼠在 60 英尺的另外一棵树上,并且比它低 40 英尺。为了吸引这只可爱的松鼠,布巴滑行了过去。那么它滑行的比例是多少？

      A. 3：1　　　　　　　　C. 2：1

      <u>B. 3：2</u> ☞　　　　　　　D. 4：3

答案：B. 3：2。

    滑行比例是水平距离和下降距离的比。布巴和那只可爱的松鼠水平距离60英尺，下降距离40英尺，所以滑行比例为60：40，化简为3：2。

75. 裸鼹鼠

    大多数的裸鼹鼠妈妈平均一窝产11只宝宝，但有的裸鼹鼠妈妈一窝可以产27只宝宝。我们知道在撒哈拉以南非洲的一个裸鼹鼠窝内，一只裸鼹鼠妈妈在12年里产下了大约900个裸鼹鼠宝宝。根据我们所知道的信息，估计这个多产的裸鼹鼠妈妈一年能够生产多少次？

      A. 2～4次　　　　　　　C. 6～8次

      <u>B. 4～6次</u> ☞　　　　　　D. 12～16次

答案：B. 4～6。

我们需要估算，做一些猜测工作：

•每年产80个裸鼹鼠宝宝，12年一共是960个裸鼹鼠宝宝。

•每年产70个裸鼹鼠宝宝，12年一共是840个裸鼹鼠宝宝。

•我们综合考虑一下上面两组数据（找平均），我们能估计出裸鼹鼠妈妈大约每年产75个宝宝。

•现在我们想象一下，假如每次裸鼹鼠妈妈生育15个宝宝（这个数选得非常好，因为它在11和27之间，并且能整除75），它们每年能生产5次。

• 所以我们得出一年生产 5 次。

但是，大多数的裸鼹鼠一年只生产一次。

76. 了不起的拼接

一个平面密铺的产生是由一个图形重复很多次拼接而成且没有缝隙和重叠，就像人们在铺地砖一样。下面有三个正多边形（有相同的边长和内角）可以拼成一个平面密铺，哪个图形不可以用于平面密铺呢？

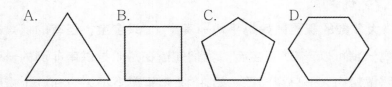

答案：C。

其他的图形都可以拼起来并没有缝隙：

三角形平面密铺

正方形平面密铺

正六边形平面密铺

无论怎样尝试，正五边形拼接都会有缝隙。但是它拼起来的缝隙很有趣。尝试用正五边形拼出来一个五角星图形吧！

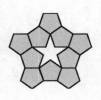

77. 地图探秘

做一个挑战，给美国地图涂上颜色，每两个州之间颜色不能一样。但有一个角相交，不被认为是相邻，例如犹他州和新墨西哥州。那么，至少用多少种颜色可以完成这次挑战呢？

A. 3 种

C. 5 种

<u>B. 4 种</u>

D. 6 种

答案：B. 4。

对于任何一个平面图形（二维）都满足四色理论。在 1852 年，弗朗西斯·格思里发现了四色理论可用于英格兰地图。那么，四色理论是否也可用于其他图形呢？然而，几十年过去了，似乎没有人能够给出合理的证明。

终于在 1976 年，伊利诺伊大学的肯尼思·艾普尔和沃尔夫·冈哈肯给出了令人满意的证明。让他们完成这个证明的是他们用第一台计算机给出的定理。不幸的是，计算机的证明没有一套定理和公式，所以人们很难去验证。

当今这个理论已被证明和接受，但是一些数学家对于人类的理论需要依靠计算机来解决仍然感觉到很不舒服。

78. 拼剪

杰基和瑞秋要用布做被子。杰基买了一块 9 英寸 ×44 英寸的布，而瑞秋买了一块 18 英寸 ×22 英寸。她们每个人都希望能够把自己买的布有效地裁剪出更多的 $3\frac{1}{2}$ 英寸 × $3\frac{1}{2}$ 英寸的正方形小布块。把这些布块缝在一起时，需要留出 $\frac{1}{4}$ 英寸的边，也就是说女孩们在裁剪布料的时候，需要多留出 $\dfrac{1}{2}$ 英寸。那么谁裁剪出的正方形小布块多呢？

答案：杰基。

我们计算需要用她们的布除以每个正方形小布块的边（边长为 $3\dfrac{1}{2}+\dfrac{1}{2}=4$ 英寸）。忽略余数。

杰基：	瑞秋：
9 除以 4 可得 2	18 除以 4 可得 4
44 除以 4 可得 11	22 除以 4 可得 5
结果为 $2\times11=22$ 个	结果为 $4\times5=20$ 个

数被除后只保留整数部分的运算叫取整，$9\div2$ 取整得 4，$44\div4$ 取整得 11，等等。

79. 贴标签

科学家喜欢追踪野生动物的数量，特别是对于那些濒临灭绝的物种。由于实际目测动物的具体数量是不可能的，所以科学家应用了一个统计模型来估算野生动物的数量。

其中一种方法是科学家为了得到野生动物的数量去捕捉一些动物，并给它们贴上标签后放回。过一段时间他们再去捕捉一些动物，看看到底有多少动物被贴过标签。

在一次计算过程中，科学家在撒哈拉大沙漠捕捉了 10 只曲角羚羊，并且给它们贴了标签。两个星期后，他们再一次捕捉到了 10 只曲角羚羊，并发现其中的一只被贴过标签。所以科学家能得出什么结论呢？

A. 在这个野生动物区域大约有 20 只曲角羚羊

B. <u>在这个野生动物区域大约有 100 只曲角羚羊</u>

C. 在这个野生动物区域至少有 1000 只曲角羚羊

D. 曲角羚羊在这个野生动物区域很容易捕捉

答案：B. 在这个野生区域大约有 100 只曲角羚羊。

用这种估算方法，你必须有一个准确的假设。在这个例子中，假设捕捉动物的数量是要有意义的。如果在伦敦特拉法加广场，你标记了 10 只鸽子，把它们放飞了，当你再抓到 10 只鸽子时，能抓到被标记的鸽子的概率很小，因为这里有几千只鸽子。另一方面，曲角羚羊几乎要灭绝，所以 10 只已经是很有意义的数字了。

假设的另一个前提是，你所研究的野生动物要在可确定的范围内活动。举个例子，在加拿大，你秋天去标记加拿大黑雁，并在冬天再次标记它们就很不合适，因为在冬天黑雁已经迁徙了。

当你遵循了上述这些规律，还要通过下列方式进行分析：当野生动物第二次被标记时，被贴上标签的野生动物的百分比就代表了在所有野生动物中被贴上标签的百分比。在我们的例子中，有一个已经被贴上了标签就代表了 10% 的动物都已经在第一次被贴上了标签。因为第一次有 10 只曲角羚羊贴上了标签，也就是我们得到假设所有动物中有 10% 贴上了标签。

所以如果 10% 的动物数量

是 10 只，那么总数量应该为 10 ÷ 10% = 10 ÷ 0.1 = 100。

注：在 2006 年，《美国国家地理》杂志评估野生曲角羚羊的数量少于 150 只。

80. 声速

看下面的表格，用插补法得出在 16000 英尺高度时声音的速度。

A. 750 英里 / 时   C. 718 英里 / 时 ☞

B. 720 英里 / 时   D. 701 英里 / 时

高度（英尺）	声速（英里 / 时）
0	761
1000	758
5000	748
10000	734
15000	721
20000	706
25000	693
30000	678
35000	663

提示： 最简单的插补方法是线性插补（有时候也叫作线性插值）。一般来说线性插补取数据中的两个点，我们叫它 (x_a, y_a) 和 (x_b, y_b)，并且点 (x, y) 叫插入值。这个插入值在那两个点的中间。一般我们知道 x 然后需要求出 y。求出 y 的公式为：

$$y = y_a + \frac{(x_b - x_a)(y_b - y_a)}{(x_b - x_a)}$$

答案：C. 718 英里 / 时。

最快的方法：用应对考试的技巧，我们可以用下面这种方法快速得出答案。16000 英尺是在 15000 英尺和 20000 英尺之间。声音在 16000 英尺高度的速度应该在 721 英里 / 时（声音在 15000 英尺高度的速度）和 706 英里 / 时（声音在 20000 英尺高度的速度）之间，并且它应该相比于 706 更接近于 721 英里 / 时一些。所以唯一能够满足这个区域的答案就是 C. 718 英里 / 时。

用数学方法：

在这个例子中，我们要找到哪些数据是我们需要的。越接近目标 x 值（16000）的数据越好。所以我们选择 (x_a, y_a) 为（15000，721）和 (x_b, y_b) 为（20000，706）。代入数值，我们可以得到等式：

$$y = 721 + \frac{(16000 - 15000)(706 - 721)}{(20000 - 15000)}$$

$$= 721 - \frac{1000 \times 15}{5000}$$

$$= 721 - 3$$

$$= 718$$

你可能觉得你记不住这些公式，但是它真的比看上去简单。整个事情归结为一个简单的比例关系：

如果 A 是 x_a 和 x_b 之间的距离（$x_b - x_a$），B 是 y_a 和 y_b 之间的距离（$y_b - y_a$），C 是 x_a 和 x 之间的距离（$x - x_a$），D 是 y_a 和 y 之间的距离（$y - y_a$），C 和 A 的比例关系就和 D 和 B 的比例关系一样。换句话说 $\frac{C}{A} = \frac{D}{B}$。所以，$D = \frac{CB}{A}$，或可以写成 $y - y_a =$

$$\frac{(x-x_a)(y_b-y_a)}{(x_b-x_a)}, \quad \text{即} \quad y=y_a+\frac{(x-x_a)(y_b-y_a)}{(x_b-x_a)}$$

你注意到了吗？声音随着高度的增加传播速度会降低。声音的传播速度和物体的密度有关。物体的密度越低，声音传播的速度越慢。空气的密度随着高度的增加会下降，这就是为什么科学

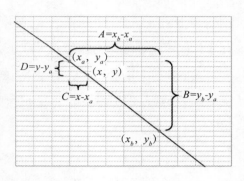

界对太空电影中宇宙飞船飞行总是能发出声音感到生气。在太空中，没有空气也就不会有声音。另一方面，水的密度比空气低，声音在水中传播得更快，甚至快过木头和金属。

81. 产生音高

这是声音对应音乐的公式：$v=\lambda f$，这里 v 是声音的速度，λ（希腊字母）是声波的波长，f 是声波的频率。

乔纳森先用中央 C（音名）来弹钢琴。然后，他用高八度的音调来弹，这个比之前的音高（频率）要高。那么，这次的波长会比之前中央 C 的波长长还是短呢？

答案：短。

首先让我们来看看上面所说的定义：

声音在穿过同一个密度的物体时会有恒定的速率。声音传播的速度与传播的介质密度有关，与声音的频率和波长无关。

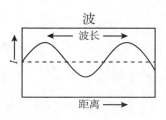

波长（λ）是波在一个振动周期内传播的距离。

频率是单位时间某一事件重复发生的次数。

如果声音的速度（v）是不变的，当声音的频率（f）升高（提升音高），就像我们这个例子，那么波长就会变短。或者说，f 和 λ 是一个反比例关系——当一个变大，另一个就会变小。

不同频率的波；底部的波比上面的波频率更高。

82. 调音

本杰明正在给他的钢琴调音。他测试着每个键的频率。他发现在中央 C 的音调中 A 键的频率正好是 440 赫兹。他知道在音乐中不同的八度之间频率相差二分之一或两倍。换句话说，一个键高八度是这个键频率的两倍，一个键低八度是这个键频率的一半。

比这个 A 键高八度的频率为 900 赫兹，低八度的频率为 200 赫兹。根据百分比误差率，哪个键更应该去调音呢？

A. 比 A 键低八度　　C. 两个键都不需要调音

B. 比 A 键高八度　　　　　D. 两个键百分比误差率一样

答案：A. 比 A 键低八度。

计算百分比误差率的公式为（$V_{实际} - V_{标准}$）÷ $V_{标准}$

如果结果是一个负数，那么它实际的数值比标准的数值要低。在这个问题中，我们知道在中央 C 音调中 A 键的频率是440 赫兹。因此，比这个 A 键高八度的频率应该是 880 赫兹，比这个 A 键低八度的赫兹应该是 220 赫兹。

实际中，比 A 键低八度为 200 赫兹，它的百分比误差率是：

$$\frac{200-220}{220} = \frac{-20}{220} = \frac{-1}{11} \approx -9\%$$

实际中，比 A 键高八度为 900 赫兹，它的百分比误差率是：

$$\frac{900-880}{880} = \frac{20}{880} = \frac{1}{44} \approx 2\%$$

83. 音乐数学家

下列名人中谁是数学家（一生从事数学研究），同时还精通一门乐器呢？

  A. 毕达哥拉斯

  B. 阿尔伯特·爱因斯坦

  C. 恩里科·费米

  D. 奥古斯塔·阿达·拜伦，勒芙蕾丝伯爵夫人

  E. 以上全都是

  F. 以上全不是

提示： 当你想数学的时候，也想想音乐。

答案：E. 以上全都是。

下面是历史上从事数学和科学并对音乐感兴趣或擅长音乐的人：

毕达哥拉斯	希腊哲学家、数学家、音乐家
阿尔伯特·爱因斯坦	物理学家、小提琴家
恩里科·费米	物理学家、钢琴家

理查德·费曼	物理学家、打击乐手、艺术家
沃纳·冯·布劳恩	火箭专家、钢琴手、大提琴手
爱德华·泰勒	物理学家、钢琴家
阿瑟·肖洛	物理学家、单簧管家、爵士迷
艾伯特·史怀哲	哲学家、神学家、传教士、医学博士、世界级风琴手、研究巴赫专家
杰拉尔德·埃德尔曼	诺贝尔生理学和医学奖得主、小提琴家
奥古斯塔·阿达·拜伦	数学幻想家（发明了二元算法）、竖琴师

勒芙蕾丝伯爵夫人

（诗人洛德·拜伦之女）

许多音乐家也同样对数学和科学有着浓厚的兴趣。名单如下：

彼得·伊里奇·柴可夫斯基	作曲家、数学家
亚历山大·鲍罗丁	作曲家、化学家
弗莱彻·亨德森	爵士乐大师、化学家
查尔斯·艾弗斯	作曲家、精算师
维克多·埃瓦尔德	作曲家、工程师
阿道夫·赫塞斯	芝加哥交响乐团首席小号，拥有数学学位
威廉·瓦基亚诺	纽约交响乐团、NBC 乐队首席小号，学习会计
克利福德·布朗	数学专业，爵士乐小号乐手、棋手

伊格纳西·简·帕德雷夫斯基　国际知名音乐会钢琴师、
波兰驻美大使、波兰总理

84. 形状结构

建筑师和工程师用数学的图形去实现他们的创造。你可以将
图片上的物体与题中的形状相匹配吗?

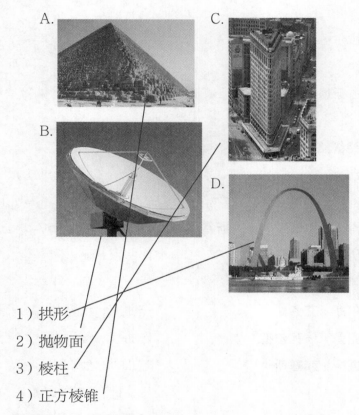

1）拱形
2）抛物面
3）棱柱
4）正方棱锥

答案: A（4），B（2），C（3），D（1）。

吉萨金字塔为正方棱锥形状，是目前唯一一个保护相对完好
的世界七大奇观，有 4500 年的历史。它由 200 万块石头建成，
每块石头重达 1.5 吨。考古学家相信建造吉萨金字塔动用了 10

万人工，并耗时 20 多年。吉萨金字塔长寿原因是由于它的形状，金字塔的每个边都非常稳固。

圆盘式卫星电视天线的形状为抛物面，或者说是围绕中心轴旋转的抛物线。当信号触及盘面时，它们就会被反射并聚集到凸起的中心轴上。在卫星电视天线中，抛物面帮助收集电磁波。

坐落在楔形土地上的建筑物呈现出棱柱状。有两个面相互平行，其余各面都是四边形，并且每相邻两个四边形的公共边都相互平行，由这些面所围成的多面体就叫作棱柱。

拱形用于建筑物已经有数千年的历史了。从结构上讲，建造拱形的石头相互借力，使得拱形物坚固无比。

85. 风寒

计算风寒（T_{WC}）的公式为：

$$T_{WC} = 35.74 + 0.6215T_a - 35.75V^{0.16} + 0.4275T_aV^{0.16}$$

这里 T_{WC} 和 T_a（空气温度）的计量单位是华氏度（℉），速度 V（风速）的计量单位是英里 / 时（mph）。下图中哪条线代表了在 20℉ 下，风寒和风速的关系呢？

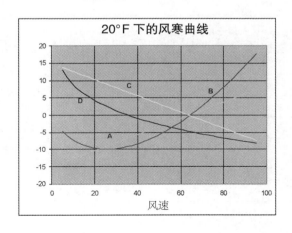

答案：D。

下面是如何做出选择的思路：

因为在公式中有好几项 V 都带有指数，所以我们知道两个直线式是不对的。那么，只剩下了 B 和 D。

在这个问题中，空气温度是恒定的：20°F，即等式右边的前两项是恒定的。换句话说，不会改变变量 V，所以不会对我们判断曲线的形状有帮助。

注意到 V 的指数小于 1（精确数字为 0.16）。当一个式子含有的项数中指数项大于 0 并且小于 1 时，这个式子对应的图形随着数值的增长趋于扁平（最后趋向直平线，越来越趋近于零）。反之，式子的指数项大于 1，曲线越垂直。本图中，我们看曲线 D 越来越趋近于零，而曲线 B 却越来越垂直。

因此，D 一定是正确的曲线。

知识点：风寒是测量在空气中人体暴露的皮肤感受指标。它把温度和风速考虑了进去。当风速增加时，热量会快速离开人体，人体温度会下降。所以风寒指数表明趋近于人体感觉的温度。

温度（°F）	温度（℃）	风寒感受
41 ~ 50	5 ~ 10	较冷，不太愉快
21 ~ 40	−6 ~ 4	冷，不愉快
1 ~ 2	−17 ~ −6	非常冷，很不愉快
−19 ~ 0	−28 ~ −17	严寒，有冻伤的可能，暴露的皮肤在 5 分钟内冻坏
−20 ~ −69	−29 ~ −56	极度寒冷，容易被冻伤，暴露的皮肤在 1 分钟内被冻坏。严禁户外活动
−70 以下	−57 以下	不可抵御的严寒，暴露的皮肤在 30 秒钟内被冻坏

译者注：华氏度是用来计量温度的单位，符号℉。包括中国在内的世界上绝大多数国家都使用摄氏度，符号为℃，但美国使用华氏度。它们之间的换算为：摄氏度＝（华氏度－32）／1.8；华氏度＝32＋摄氏度×1.8。

86. 看落石

山里的两位村民奥格和那图格想玩一个游戏。他们爬上一个悬崖，从上面往下方扔石子，击中漂落在河水里的物体。他们知道要击中移动的目标需要有提前量。他们反复试验，并记录了一块石头落下的时间表。当他们爬高 100 英尺的时候，需要 2.5 秒钟让石头击中目标。当爬到 400 英尺高度时，需要多长时间让石头可以击中目标呢？

A. 3 秒　　　B. 4 秒　　　C. 5 秒　　　D. 6 秒

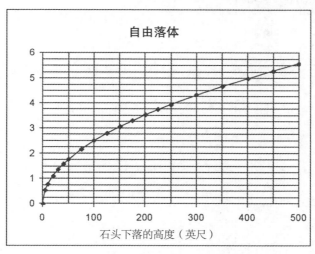

答案：C. 5 秒。

如果你有这个便利绝佳的图表，得到答案就很简单。但如果你没有，却需要计算出一枚硬币从帝国大厦楼顶上自由落体掉到地面上的时间怎么办呢（不是说你真的需要从帝国大厦楼顶上故意扔东西）？在没有图表的情况下做这样的题，你需要记住一个公式。这是一个很简单的公式，你在做第52题的时候遇到过它，简单的原因是我们剥离了复杂的部分。

它会给我们一个接近的答案，误差是可以接受的。

这个公式是 $t = \dfrac{\sqrt{h}}{4}$，t 为自由落体的时间（秒），h 是自由落体的高度（英尺）。

好，帝国大厦多高呢？如果你并不知道确切的数字，先假设它是1000英尺，所以 $h=1000$，1000 的平方根也许你也不知道，但是你会知道900的平方根是30，35的平方是1225。

1000 的平方根相比于 35 更接近 30，所以我们设它为 31。31 除以 4，我们会得到近似于 7.5。一枚硬币从帝国大厦顶楼观景台自由落体大约需要 7.5 秒。

作者注：如果你需要精确的答案，必须有准确的数字。帝国大厦观测台有 1050 英尺高（官方数据，楼高 1454 英尺，观测台在第 86 层）。物体 8.08 秒自由落体到地面上。

比我们的估算出现了 7% 的微差。通常，误差在 10% 以内都认为是可以接受的，5% 之内是非常好的，所以我们已经做得不错了。

87. 震级

地质学家用《里氏地震震级标准》来测量地震的规模大小和破坏程度。1994 年，美国加州北岭地震被测出震级 6.5。据记载，最大的地震发生在 1960 年，智利大地震，震级为 9.5。智利大地震强度比加州北岭地震大多少倍呢？

    A. 3 倍　　　　　　　　C. 100 倍

    B. 10 倍　　　　　　　　<u>D. 1000 倍</u> ☞

答案：D. 1000 倍。9.5 级地震强度是 6.5 级地震强度的 1000 倍。

《里氏地震震级标准》是一些测量值取以 10 为基础的对数数值，它反映了地面运动的强度。

在数学中，对数是对求幂的逆运算，正如除法是乘法的逆运算，反之亦然。这意味着一个数字的对数是必须产生另一个固定数字（基数）的指数。若 $b^n = x$（$b > 0$ 且 $b \neq 1$），则 $n = \log_b x$。其中，b 叫作底数，x 叫作真数，n 叫作以 b 为底的 x 的对数。

根据《里氏地震震级标准》，震级 4 的破坏强度是震级 3 的 10 倍，震级 5 的破坏强度是震级 4 的 10 倍，以此类推。

88. 围绕太阳运转

你认为是地球围绕着太阳转得快，还是月亮围绕着地球转得快呢？

提示： 地球距离太阳 9300 万英里，月亮距离地球 24 万英里，π 约等于 3.14。

答案：地球围绕着太阳转得快。

首先，让我们想象一下，平均来讲，地球距离太阳 9300 万英里并运行在近似于圆形的轨道上。我们估计这个圆形的轨道半径为 9.3×10^7 英里（这里用科学计数法而不是写成 93000000，$93000000 = 9.3 \times 1000000$，10000000 为 10^7）。因为我们是估算，可认为半径是 10^8，这样便于计算。

地球围绕太阳转一圈为一年。在这一年中，地球运行了 $2\pi r$ 英里（圆的周长），得到 $2\pi 10^8$，约为 6.2×10^8 英里 / 年，先放在这里，一会儿我们还需要转换一下。

月亮距离地球约为 240000 英里，运行一圈约为 27.3 天，

轨迹长度为 $2\pi \times 2.4 \times 10^5$ 约为 1.5×10^6 英里。要计算出月亮一天运行的距离，你可以用这个数值除以 25（如果我们用计算器的话，可以用实际数字 27.3 天；如果我们不用计算器，用估值去计算则更简单）。计算得出，月亮运行距离约为 $1.5 \times 10^6 \div 25 = 6 \times 10^4$ 英里 / 天。

现在我们再来比较一下月亮和地球的速度：6.2×10^8 英里 / 年。我们可以用 6.2×10^8 除以 365，但这样计算有些麻烦。我们可以用科学计数法，我们能看到地球每年的速度比月亮每天的速度大 10^4（或 10000）倍。10000 除以 365 大约为 30。这表明地球的速度大约是月亮的 30 倍。

89. 观察光

光的主要颜色为红、绿和蓝。其次颜色为黄色、青色和紫红色（两种主要颜色的混合色）。在光线中，看到的黄色是红色和绿色的混合；看到的青色是蓝色和绿色的混合；看到的紫红色是红色和蓝色的混合。

红、绿和蓝组成了电脑屏幕的颜色。颜色的强度分为从 0 至 255。这里 0 是没有颜色，255 是满色，这称为 RGB 分类，R 代表红色，G 代表绿色，B 代表蓝色。在 RGB 分类中，白色是 R = 255，G = 255，B = 255；黑色为 R = 0，G = 0，B = 0；红色为 R = 255，G = 0，B = 0；黄色为 R = 255，G = 255，B = 0，等等。

在 HTML（用于制作网页的计算机语言）中，每种颜色被确定为一个特殊的 RGB 形式：#rrggbb。在这种形式下，在 # 后面的前两个数字代表红色的强度，接下来的两个数字代表绿色的强度，最后两个数字代表蓝色的强度。

强度分为 0 至 255，但是特殊的 RGB 形式中每种颜色只保留了两位数字，怎样才能把一个 3 位数填到 2 位数字里面呢？我们需要把十进制的数值转化成十六进制（第 97 题有更多不同进制数）。在十六进制系统中，一个位置可以填入 0 至 15（十进制数值），第二位不是"十位数"，是十六位数（因为这里是十六进制）。现在我们怎么把 15 填入一个位数里呢？十进制中只有 10 个数字（0，1，2，3，4，5，6，7，8，9），所以我们需要变形用字母来表示，如下表：

十进制	0	1	2	3	4	5	6	7	8	9	10	11	12	13	14	15
十六进制	0	1	2	3	4	5	6	7	8	9	A	B	C	D	E	F

你能将 RGB 颜色代码与最适合的颜色相匹配吗？

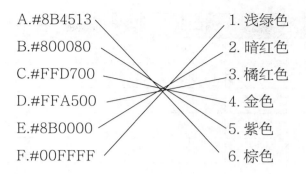

A.#8B4513   1.浅绿色

B.#800080   2.暗红色

C.#FFD700   3.橘红色

D.#FFA500   4.金色

E.#8B0000   5.紫色

F.#00FFFF   6.棕色

答案: A（6），B（5），C（4），D（3），E（2），F（1）。

让我们从简单的开始：

• B 在红色和蓝色的数值一样，这很像是紫色（5）。

• E 只有红色，但强度并不是最强的，所以很可能是暗红色（2）。

• F 没有红色，这里唯一没有红色的应该是浅绿色（1）。

• 留下了 A、C、D，颜色剩下了橘红色、金色、棕色。

• C、D 都没有蓝色，只有红色和绿色。我们知道黄色是由红色和绿色构成的，没有蓝色，因此，C、D 中有一个是金色也就是暗黄色，但究竟是哪一个呢?

• C、D 中红色强度数值是一样的，而 C 中绿色强度更高，所以 C 应该是金色（4）。

• 现在剩下橘红色和棕色，棕色有冷色在里面，所以，意味着 A 应该是棕色（6）。

• 因此 D 应该是橘红色（3）。

下面是一个将 RGB 换算成十进制值的图表，这样看起来更简单：

RGB 码	红色	绿色	蓝色	颜色
A.#8B4513	139	69	19	6. 棕色
B.#800080	128	0	128	5. 紫色
C.#FFD700	255	215	0	4. 金色
D.#FFA500	255	165	0	3. 橘红色
E.#8B0000	139	0	0	2. 暗红色
F.#00FFFF	0	255	255	1. 浅绿色

知识点：大多数人在早期教育时就接触过色环。我们知道基础颜色为红、黄、蓝，但是色环的基础是混色。如果我们将颜色混合起来，那么色环看起来大不相同。

混合问题的答案

90. 贴壁纸

居住在山洞里的奥格想要给自己居住的山洞贴上壁纸。从地板到天花板，山洞高8英尺。山洞的各面墙都是长方形的，入口是没有墙的，两面长墙宽度为15英尺，一面短墙宽度为10英尺。奥格能在山洞仓库购买的泥土色壁纸是每卷3英尺宽，20英尺长。如果不考虑接缝的材料损耗，他需要购买多少卷壁纸来贴满整个山洞的墙壁呢？

答案：6卷。

首先，我们要计算出需要粘贴壁纸的墙面面积，三面墙壁的长度之和为：15英尺 +15英尺 +10英尺 =40英尺；山洞高为8英尺。

因此，墙壁总面积为：40英尺 ×8英尺 =320平方英尺。接下来，我们要算出一卷壁纸能够粘贴多少面积的墙壁：3英尺 ×20英尺 = 60平方英尺。最后，我们用墙壁总面积除以每卷壁纸面积得到5.33（320÷60 ≈ 5.33）。因此，共需要6卷壁纸。

91. 贴壁纸（续）

娜托格居住在另一个山洞里，这个山洞与第90题中奥格居住的山洞面积一样大。娜托格也需要用与奥格同样的壁纸来装饰自己的山洞（事实上，这种选择并不奇怪，因为山洞仓库里只有一种壁纸可供选择）。

不同的是娜托格的要求有些特别，她不希望在墙面中间有壁纸的接缝。如果剩余的壁纸不够 8 英尺长，就把它扔掉。这样的话，娜托格需要买多少卷壁纸呢？

答案：7 卷。

根据题意，我们必须扔掉不足 8 英尺的壁纸，如果一卷壁纸的长度可以被 8 整除的话，这个问题就与上个题目的答案相同了。然而，20 不能被 8 整除（20 ÷ 8 = 2.5），我们现在要做的是通过计算后扔掉无用的部分来计算出壁纸的"有效"覆盖面。

壁纸的有用长度是 $\frac{4}{5} \times 20 = 16$ 英尺，所以它覆盖的面积为 16 英尺 × 3 英尺 = 48 平方英尺。我们用整个墙的表面积（320 平方英尺）除以壁纸的有用面积（48 平方英尺）得到 6.67。因此，娜托格需要购买 7 卷墙纸。

92. 宠物围栏

马尔要做一个长方形围栏来装他的宠物蜗牛，他决定将围栏的一边加长三分之一。马尔用多少百分比来减少另一边的面积而保持围栏的总面积不变呢？

答案：25%。

当一边边长增加 $\frac{1}{3}$ 时，百分比增加了 33.3%。

你可以使用一个公式来计算新增加的长度：$L(1 + C)$，在此，

L 是原始的长度，C 是作为小数的百分比。

将 33.3% 转换成小数（除以 100），于是，33.3% 就变成 0.333。

因此，等式就是 L（1+0.333）或 1.333L。

我们知道原始面积 $A = LW$，在此，L= 长度，W= 宽度。

现在新的长度是 1.333L，我们知道 $A = LW = 1.333L$（W（1 + C）），C 是变化的宽度。

我们可以从两边都去掉 LW，得到 1 = 1.333（1 + C）；除以 1.333，得到 0.75 = 1 + C，$C = - 0.25$。

这就是为什么当你在一边增加 $\frac{1}{3}$ 面积，你要在另一面做相应的减少以保持面积同等。如果我们用分数替代小数，答案就非常清楚了。请看：

$$LW = （1 + \frac{1}{3}）L \times （1 - \frac{1}{4}）W = \frac{4}{3}L \times \frac{3}{4}W = \frac{4}{3} \times \frac{3}{4} \times LW = LW。$$

93. 天气冷暖

妈妈让你去收拾参加惊喜探险的行李。她给了你一个提示，要带一些适合日温在 30℃ 左右旅行用的衣服。为了这次探险，你会带上哪种类型的衣服呢？

A. 背心和薄裤或短裤

B. 法兰绒衬衫和牛仔裤

C. 羊毛衫、灯芯绒裤子和厚夹克

答案：A. 背心和薄裤或短裤（30℃ =86° F）。

这里有几种不同的方式来表达温度。在美国，最常用的是华氏度（°F）。在这种计量单位中，水的冰点为 32°F，水的沸点为 212°F，人身体的平均温度为 98.6°F。

世界上，许多国家表示温度用摄氏度（℃）。在这种计量单位中，水的冰点是 0℃，水的沸点是 100℃，人身体的平均温度是 37℃。

摄氏度向华氏度的转化公式为：

$$°F = \frac{9}{5} \times °C + 32$$

把 30℃转化成° F，这个等式为：

$$°F = \frac{9}{5} \times 30 + 32 = 54 + 32 = 86°F$$

一个更加容易记住的转化公式为：

$$°F = 2（°C - 0.1°C）+ 32$$

捷径： 如果你认为这两个转换公式都很难记住，那么有一个更简单的公式去估计从摄氏度到华氏度的转换：$°F = 2 \times °C + 30$。你可以估计出 30℃转换成华氏度为接近 90°F，肯定不会是穿羊毛衫的天气！ 0～30℃是相对容易估算的，这也是我们生活中的温度。但如果我们做科学实验，我们就必须掌握这两种计量方法的转换公式。

94. 温度互换

水的沸点是 100℃或 212°F。水的冰点是 0℃或 32°F。有没

有一个温度华氏度和摄氏度的数值是相同的呢?

答案:有,–40。

我们有两种方式计算出这个答案,一种是算式,另一种是画图。用算式的方法,我们需要记得摄氏度转化到华氏度的公式:

$$°F = \frac{9}{5} \times °C + 32$$

因为我们要得到℃的值和°F 的值相等,所以我们把℃ = °F 带入等式,也就是说我们可以把℃替换成°F。这个等式转化为:

$$°F = \frac{9}{5} \times °F + 32。$$

化简后得到 $(1 - \frac{9}{5}) \times °F = 32$,$°F = 32 \div (\frac{4}{5})$,所以°F=-40。

用画图的方法解决需要在同一个坐标内画出两个等式,也就是$°F = \frac{9}{5} \times °C + 32$ 和$℃ = (°F - 32) \times \frac{5}{9}$。

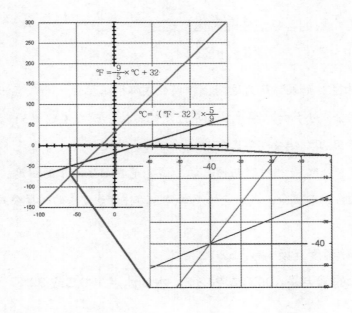

第二个等式就是从摄氏度转化到华氏度公式的变换，它来自下列的等式转换。

$$°F = \frac{9}{5} \times °C + 32 \quad °F-32 = \frac{9}{5}°C \quad °C = (°F-32) \times \frac{5}{9}$$

当我们画出两个等式，我们就可以看到它们的交点在 -40。

知识点：摄氏度的数值似乎容易理解并容易记住（0 是冰点，100 是沸点）。华氏度数值不容易记住（32 是冰点，212 是沸点）。这是为什么呢？一个最通常的理由是华伦海特试图把人体的温度作为 100，并且把盐水溶液（它的冰点比纯水要低）的冰点作为 0。然后，他算出人体的温度和纯水冰点的差为 64。1742 年，安德斯·摄尔修斯在华氏度出现 18 年以后发明了摄氏度，并且他使用了更多容易记住的数值。

---

95. 掷硬币

当你的朋友无聊的时候，他喜欢向空中掷硬币，然后接住它，并喊出落下来的是正面或反面。他今天又无聊了。这时，他喊道："正面，反面，反面，正面，正面，正面。"接下来，他对你说："我刚才连续掷了三次正面。你觉得我再次掷出正面的概率有多大呢？"它是：

A. 25%   C. 75%

<u>B. 50%</u> ☞   D. 100%

答案：B. 50%。

硬币没有记忆。掷到正面（或反面）的概率不会因为之前掷的情况而改变。这就是一个 50% 对 50% 的机会。

不同的是，假设你将 100 个弹球放在书包里，其中 99 个是黑色的，1 个是白色的。那么，如果你每抓出一个球（这个球就不在放进去了），抓到白球的概率随着每次抓出球的次数而变化着。

96. 打赌计算平方

巴拿巴斯正在做一个限时的数学测试，不允许用计算器。他做到了最后一道题：36^2。巴拿巴斯计算多位数乘法时一贯很慢，现在他就剩下不到 1 分钟的时间了。你认为他能够在规定的时间内完成吗？

答案：可以，如果他知道诀窍的话。

应试技巧！巴拿巴斯如果知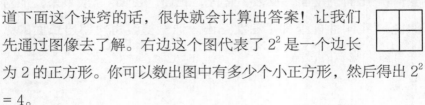
道下面这个诀窍的话，很快就会计算出答案！让我们先通过图像去了解。右边这个图代表了 2^2 是一个边长为 2 的正方形。你可以数出图中有多少个小正方形，然后得出 2^2 = 4。

同样地，你为了计算 3^2，可以画一个 3 乘 3 的
正方形（见右图）。

你可以数出图中有多少个小正方形，得到：$3^2 = 3 \times 3 = 9$。

如果我们把2乘2的正方形放到3乘3的正方形中的左下角，并重合在一起，那么，我们得到右图：

通过这个图，我们可以看到，在这个2乘2正方形右边有两个小正方形，在它的上边有3个小正方形，所以 $2^2 + 2 + 3 = 3^2$。

以此类推，得到通用公式为：

一个边长为 M 的正方形：$M^2 = (M-1)^2 + (M-1) + M$

举个例子：$3^2 = (3-1)^2 + (3-1) + 3 = 2^2 + 2 + 3 = 9$

让我们试试把这个公式用在难一点的数上，例如 36^2，这是一个很难的题。在我们的脑子里并不知道 35^2 得多少。好消息是我们知道这道题的诀窍。

捷径：这个捷径是要得到任何尾数是5的平方，方法是：最后得出的两个数字都会是25，所以我们可以先把它们写下来。再去计算剩余的部分，我们需要去看原来的乘数去掉末尾的5（个位数），我们称之为 N（可以用原来的乘数减去5再除以10得到。例如35变成 $(35-5) \div 10 = 3$）。

在本题中 $N=3$（如果乘数是205，那么 N 等于20。）。现在我们把 N 乘以 $N+1$，再乘以100。在本题中 $100 \times N \times (N+1)$ $= 100 \times 3 \times 4 = 1200$。

这个乘积再加上原来的25，即可得到 $35^2 = 1200 + 25 = 1225$。如果算205的平方，算式为 $20 \times 21 \times 100 + 25 = 42000 + 25 = 42025$。

最后，返回到 36^2。基于上述的算式，$36^2 = 35^2 + 35 + 36 = 1225 + 71 = 1296$。

97. 认识不同的进制

将下面乘法题的结果和它们用来计算的进位系统相匹配：

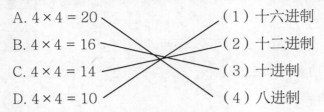

A. 4 × 4 = 20 　　　　（1）十六进制

B. 4 × 4 = 16 　　　　（2）十二进制

C. 4 × 4 = 14 　　　　（3）十进制

D. 4 × 4 = 10 　　　　（4）八进制

答案：A（4），B（3），C（2），D（1）。

运用不同进制进行计算是十分有用的。这些计算方法很值得研究。

对于我们来说，最常用的是十进制，这是我们常用的计算方法。二进制是计算机用的计算方法，它只有两个数字：0 和 1。

十六进制可能会是今后最常用的进制系统，也会用于计算机（参见第 89 题）。以前，计算机也用过八进制，但是现在很少用八进制了。

在十进制（我们最常用的方法）中，4 × 4 = 16（为了看得更清楚，我们写作 16 以 10 为基底，即 16_{10}）。因此，我们知道答案 B 与（3）相配。我们需要把 16_{10} 转换到其他三种进制中，并看看它们的结果是多少。

下面我们总结一下进制系统：

从十进制开始。我们知道第一位数（小数点前面中最右边的数字）称为个位数，并且可以是从 0 到 9 这些数字。

在个位数左边的下一位数是十位数，它的值等同于上面数字的 10 倍。

接下来可以有成百上千位数，等等。我们可以把它们总结归类一下：$10^0 = 1$，$10^1 = 1$，$10^2 = 100$，…… 你看到规律了吗？

下面我们看看其他进制的规律。例如，八进制中 $8^0 = 1$，$8^1 = 8$，$8^2 = 64$，$8^3 = 512$，并且在八进制中我们只用到数字 0 到 7。

下面我们把 16_{10} 转化为八进制：

首先我们知道 16 除以 8 等于 2。这说明 16 在八进制中进位两次。我们可以写出数字为 20_8（2 个八进制的第二位数，0 个八进制中的第一位数），所以说明了答案 A 和（4）相配。接下来，我们在十二进制中做同样的事情。16 除以 12 等于 1 余 4。这说明它在十二进制中进位 1 次，并且第一位上的数字是 4，写成 14_{12}，所以，答案 C 和（2）相配。最后剩下的 D 就是配对（1）了，但是为了满足我们的好奇心：16 除以 16 等于 1，结果为 10_{16}。

98. 优秀学生的排列组合

在每天的数学课上，老师都会选择一位优秀学生并把他 / 她的名字放入一个碗中。每到星期五，老师会从这个碗里抽出两位学生的名字，并且给他们奖励。如果选出的两个名字都是你的，你会得到一个作业通行证，给你一个少做一次作业的特权。第一周结束时，碗里有 5 位学生的名字，并且里面有 2 个是你的。你有多少概率可以得到这张作业通行证呢？

答案：10%。

在第一次抽到你名字的概率是 5 个里面有 2 个，为 $\frac{2}{5}$ 或 40%。

在第二次抽到你名字的概率是 4 个里面有 1 个（4 个是因为一个名字已经拿出去了），为 $\frac{1}{4}$ 或 25%。

两次都抽到你的概率是第一次抽到你名字的概率乘以第二次抽到你名字的概率：$40\% \times 25\% = 0.4 \times 0.25 = 0.1$，即 10%。

下面可以用第二种方法去解这道题：

这个问题是在第一次抽名字的时候有 5 个可能的选择，第二次抽名字的时候有 4 个选择，第三次抽名字的时候有 3 个可能的选择……我们开始的时候一共有 5! 种可能（它代表了所有可能的选择，见第 48 题）。然而，在本题中我们只抽了 2 次，所以不是 5! 种可能，是 2 次抽名字而不是 5 次。所以，需要减去 3 次，我们需要用 5! 除以 3!，即为 $\frac{5!}{3!}$。这说明有 20 种可能名字被抽到。

这实际上是一个排列，在本题中为从 5 个元素中选取 2 个进行排列，可写成 P_5^2。

通常可以写成这样的等式：$P_n^m = \frac{n!}{(n-m)!}$，这里 n 是可以选择的数，m 是选择的次数（m 小于等于 n）。符号 P 代表了排列这种运算方法。所以，P_5^2 可以解释为"在 5 个里面选中 2 次的可能次数"。

但是，这不是我们寻找的答案！排列是"有序的"数列。这意味着所抽的排列顺序是不同的。在本题中，我们不用在意名字被抽中的次序。这就是一个组合数列。一个数学上的组合数列是一个无序的数列。

我们把排列数列 P_n^m 转成组合数列 C_n^m，用 P_n^m 除以 $m!$。那么，C_n^m 可以写成这样的等式：$\dfrac{n!}{m!(n-m)!}$，n 是可以选择的数，m 是选择的次数（$m \leqslant n$）。符号 C 代表了组合这种运算形式。所以 C_5^2 可以解释为"在 5 个里面选择 2 次，不用考虑这 2 次的先后顺序"。在本题中，我们得到 $\dfrac{5!}{2!(3!)} = \dfrac{120}{12} = 10$ 种可能的组合。你的名字出现的概率是这 10 次组合中的 1 次。所以，你得到这张作业通行证的概率是十分之一，也就是 10%。

99. 太多的《金枪鱼》

宝仔有一个新的数字音乐播放器，叫 pPod。他在这个音乐播放器里放了 100 首歌曲。宝仔选择了随机播放的模式来播放这些歌曲。宝仔发现当他播放前 10 首歌时，《金枪鱼》这首歌播放了 3 次。宝仔应该怎么办呢？

    A. 放入一个新的电池

    B. 加入更多的歌曲

    C. 退回商店并且去维修

    <u>D. 没事——pPod 工作正常</u> ☞

答案：D. 没事——pPod 工作正常。

pPod 以随机播放的模式播放歌曲，这意味着每次它都会随机用一种算法选出新的歌曲去播放。这种算法不会记住之前播放歌曲的顺序，它仅仅是选一首歌来播放。在本题中，播放器里面有 100 首歌，所以播放器把歌曲排成了 1 到 100。播放器会随机选择其中一首歌，不受之前播放歌曲的影响。

100. 选举人团

选举人团正在进行美国总统和副总统的选举。50 个州分配的选票与国会代表的数量（众议院的人数＋参议院的人数）相同。哥伦比亚特区（首都华盛顿）有 3 张选票。美国国会有 100 名参议员、435 名众议员，加上华盛顿哥伦比亚特区的 3 票，总统选举人票总共就是 538 票。

根据经验，每个州的选票都会投到在州内支持最多的候选人身上。如果一名候选人得到了超过 270 选票，他就会被选为总统。下面的表格展示了每个州的选票数量。那么，最少需要多少个州的支持就会达到需要的 270 选票呢？

州名	选票数	州名	选票数	州名	选票数
亚拉巴马	9	肯塔基	8	北达科他	3
阿拉斯加	3	路易斯安那	9	俄亥俄	20
亚利桑那	10	缅因	4	俄克拉何马	7
阿肯色	6	马里兰	10	俄勒冈	7
加利福尼亚	55	马塞诸塞	12	宾夕法尼亚	21
科罗拉多	9	密歇根	17	罗得岛	4
康涅狄格	7	明尼苏达	10	南卡罗来纳	8
哥伦比亚特区	3	密西西比	6	南达科他	3
特拉华	3	密苏里	11	田纳西	11
佛罗里达	27	蒙大拿	3	得克萨斯	34
佐治亚	15	内布拉斯加	5	犹他	5
夏威夷	4	内华达	5	佛蒙特	3
爱达荷	4	新罕布什尔	4	弗吉尼亚	13
伊利诺伊	21	新泽西	15	华盛顿	11
印第安纳	11	新墨西哥	5	西弗吉尼亚	5
艾奥瓦	7	纽约	31	威斯康星	10
堪萨斯	6	北卡罗来纳	15	怀俄明	3

A. 6 个州   C. 16 个州

B. 11 个州 ☞   D. 26 个州

答案：B. 11 个州。

这 11 个州分别是：

州名	选票数
加利福尼亚	55
佛罗里达	27
佐治亚	15
伊利诺伊	21
密歇根	17
新泽西	15
纽约	31
北卡罗来纳	15
俄亥俄	20
宾夕法尼亚	21
得克萨斯	34
总计	271

> **知识点：** 在这个理论中，一个候选人只需要这 11 个州的支持，而不需要其他 39 个州和华盛顿特区的选票就可以被选为美国总统了。

101. 人口普查知识

在一次人口普查中，古波村一共有 855 人，其中 367 户和 230 个家庭。人口密度是 842.2 人/平方英里。这里有 411 套住房，平均密度为 404.8 栋/平方英里。村里还有 678 只狗，300 只猫和 104 只鸟，被人们视为宠物。基于上面的情况，下列哪一个选项是正确的呢？

A. 古波村面积大于 1 平方英里 ☞

B. 在古波村的每一个房主至少都有一只狗

C. 在古波村没有人自己居住

D. 每一个家庭都有一只猫

答案：A. 古波村面积大于 1 平方英里。

人口密度是每单位面积的人口数量。在古波村，有 855 人住在这个村子里。然而人口密度是 842.2 人／平方英里。人口密度是一个区域内的平均值而不是在这个区域内的特定数量。

如果古波村区域大小正好是 1 平方英里，并且有 855 人住在里面，人口密度应该是 855 人／平方英里。因为人口密度小于总人口数，所以我们能够得出结论：古波村面积一定大于 1 平方英里。

统计数据只给出了狗和猫的数量，并没有告诉我们这些宠物的主人是谁。然而，选项 B 和 D 有可能是对的，但基于所给的信息并不能确定一定是对的。

根据本题信息，村子里有 367 户和 230 个家庭。推测一下，组成一个家庭至少要有 2 个以上的人生活在一起。事实上，比 230 个家庭多出的 137 户表明，他们是由一个人或一群没有关系的人组成的。这个案例也表明，我们不能确定没有人单独生活。

附加题的答案

1. 每月一次的午餐

7 位好朋友每个月都要一起吃一次午饭，各付各的餐费，除非当月有人过生日。过生日的男生或女生吃饭不用自己花钱，由其他人来支付。他们最喜欢去的饭馆午餐特价，所有的菜价格都一样，加上税每个人只消费 12 美元。

需要注意的是，有些月份没有人过生日，有些月份可能有一个人过生日，有些月份可能有两个或两个以上的人过生日。

其中一位朋友认为，以一年为单位计算，没有享受生日午餐的人比享受生日午餐的人多支付了餐费。如果用公式证明：在一整年中，每人支付的餐费是一样的吗？

答案：$m\left(1+\dfrac{b}{f}\right)$ 为没有过生日人支付的钱，$m\left(\dfrac{b-1}{f}\right)$ 为过生日人支付的钱。

问题在于如果一个月内有一个以上的人过生日的话，过生日的人虽然不用付自己的午饭钱，但要分担当月其他过生日人的午饭钱。在一整年中，每个人都会付 11 次自己的午饭钱——加上每次 $\dfrac{1}{6}$ 给其他过生日的人的午饭钱（有 6 个人）——正好是一整年 12 次的午饭钱。

当你在不过生日的月份时，你会付你自己的午饭钱（为了用公式表达，我们假设午饭钱为 m）再加上 $\dfrac{b}{6}$ 个午饭钱，这里 b 是在这个月中过生日的人数。所以这个公式为 $m\left(1+\dfrac{b}{6}\right)$。

当你在过生日的月份时，这个公式是一样的——除去你不用付的自己的午饭钱。公式为：$\dfrac{b-1}{6}$。你需要从 b 中减去 1 是因为你不用支付你自己过生日午饭钱的 $\frac{1}{6}$。我们可以用 f 代替 6 让公式变得通用，这里 f 代表了在这一组的人数。

公式为：

$m\left(1+\dfrac{b}{f}\right)$ 为不过生日的人支付的钱；

$m\left(\dfrac{b-1}{f}\right)$ 为过生日的人支付的钱。

2. 自由青蛙

自由青蛙有个特性。当它跳跃时，它可以跳过房间的一半距离，再跳跃时，却只能再跳过房间内剩余距离的一半。在充足的时间内，这只青蛙能跳出房间吗？

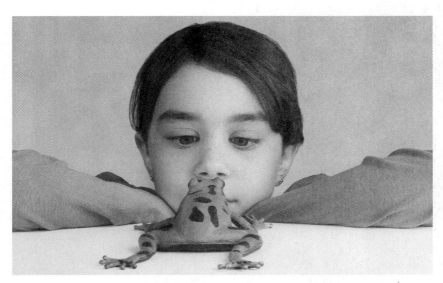

答案：可以，在充足的时间内。

我们假设这个房间的宽为 1 米。那么它第一次跳 $\frac{1}{2}$ 米，第

二次跳 $\frac{1}{4}$ 米，第三次跳 $\frac{1}{8}$ 米……

下面是公式：

$$S = \frac{1}{2} + \frac{1}{4} + \frac{1}{8} + \frac{1}{16} + \frac{1}{32} + \cdots$$

注意到每项都是前面一项乘以 $\frac{1}{2}$，这称为等比数列。只要项数间的比率在 -1 到 1 之间，我们就可以计算它们的和。

因此，我们把等式的两边都乘以 $\frac{1}{2}$，得到：

$$\frac{1}{2}S = \frac{1}{4} + \frac{1}{8} + \frac{1}{16} + \frac{1}{32} + \frac{1}{64} + \cdots$$

如果我们将两个等式联系起来，并且把第二个等式中的每一项向后移动一位，我们就可以得到这个有趣的等式：

$$S = \frac{1}{2} + \frac{1}{4} + \frac{1}{8} + \frac{1}{16} + \frac{1}{32} + \cdots$$

$$\frac{1}{2}S = \frac{1}{4} + \frac{1}{8} + \frac{1}{16} + \frac{1}{32} + \frac{1}{64} + \cdots$$

第二个等式中，每一项都能在第一个等式中找到相同的项（当它们都趋于无穷）。如果我们用第一个等式减去第二个等式，几乎所有项都被减掉了，留下了：$S - \frac{1}{2}S = \frac{1}{2}$，$S = 1$。

这意味着：

$$1 = \frac{1}{2} + \frac{1}{4} + \frac{1}{8} + \frac{1}{16} + \frac{1}{32} + \cdots$$

这只青蛙可以跳过 1 米，在它跳了无穷步之后，可以跳过这个房间。

一只青蛙如何能在有限的时间内跳无限步呢？当它跳得越

来越近，跳的时间也会越来越短。

因此，如果它第一次跳了 $\frac{1}{2}$ 秒，

那么下一次就是 $\frac{1}{4}$ 秒，再下一

次就是 $\frac{1}{8}$ 秒，等等。我们也可以

用同样的方法来计算时间的长短。

在这个例子中它用 1 秒钟跳了 1

米的距离。如果站在房间的终点，并且拿着秒表大喊"开始"，在 1 秒过后，这只青蛙就能跳到你的脚边——用无限的步数和有限的时间量。古希腊数学家、哲学家芝诺是第一个提出这种悖论学说的人。

3. 用二进制计算

在山洞居住的奥格负责监管部落收集的石头。这是一个十分重要的任务，奥格一直在记录山洞的石头。问题是当时没有发明任何书写工具，所以奥格只能用手指来记录。如果部落有 837 块石头，那么奥格最少用几根手指来记录呢？

答案：两根手指。

大家都知道每只手有五根手指，所以 837 除以 5 得 167.4，大约要用 168 只手。我们如何才能得到用最少的手指来记录呢？答案就是：二进制。

用二进制是一个记录的好方法。二进制中只有两个数字（0和 1），因此，我们用每根手指代表一个二进制中的一位数字，抬起来代表 1，放下去代表 0。用这种方法，可以用我们的手指

数到 1023（$2^9 + 2^8 + 2^7 + 2^6 + 2^5 + 2^4 + 2^3 + 2^2 + 2^1 + 2^0$）。

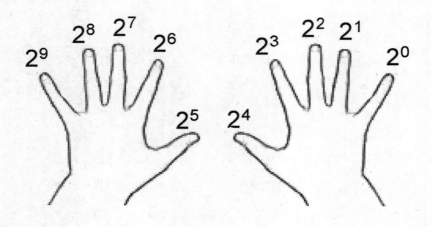

4. 春游

艾拉一家准备开车去旅行。他们计划去邻近的古堡镇游玩，这也是她的老家。用地图和英里数来规划一条从古堡镇出发最后又回到古堡镇最短的路线，途中她们计划还要经过其他小镇且只经过一次。

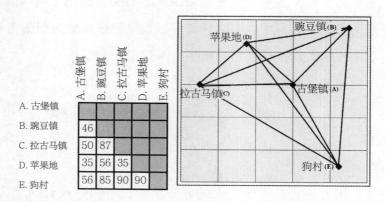

	A. 古堡镇	B. 豌豆镇	C. 拉古马镇	D. 苹果地	E. 狗村
A. 古堡镇					
B. 豌豆镇	46				
C. 拉古马镇	50	87			
D. 苹果地	35	56	35		
E. 狗村	56	85	90	90	

答案：A，E，B，D，C，A（或 A，C，D，B，E，A）。

如果没有地图，行程会很困难。

在地图的帮助下并结合英里图表，我们可以看到：

• 狗村距离拉古马镇和苹果地都是 90 英里。

• 拉古马镇和苹果地相互距离很近。

由此我们可以推断出从旅行起点 A（古堡镇）到 D（苹果地镇）和 E（狗村）的距离较近。但它们分别在 A（古堡镇）的两边。我们可以从地图上确认这一点。

这说明我们开始去 E（狗村）、D（苹果地）或 C（拉古马镇）可能会给我们一个好的结果。关键是选择先去哪个镇，我们注意到最长的路线是 BC、BE、CE 和 DE。越多避免走这些路线，选择的路线就会越短。

最简单的是避免走 BC（87 英里）。如果开车走 CD 后再走 DB（反之也可以），你可以路过 3 个镇只开 91 英里，反之走 BC 开 87 英里只路过 2 个镇。如果走 CDB 路线，那么开始就只能是从 A 到 E（最开始走的路线），最后从 E 到 A（最后的路线）。

剩下的路线都是不对的。

5. 有趣的兔子

利奥在《小屋灶周刊》杂志上看到了一个关于兔子的广告。这个广告说如果你买一对新生的兔子，那么：

（1）它们两个月后便可以繁殖。

（2）它们一直可以繁殖，每个月都可以生下一对小兔子。

在这之前，利奥已经成为一对新生兔子的主人。下面是有关他养殖兔子的进程：

在第一个月开始，他有了一对兔子。

在第二个月开始，他仍然只有一对兔子。

在第三个月开始，就像广告说的，有了两对兔子了。

第四个月，第一对兔子又生出了一对兔子，变成了三对兔子。

在第五个月开始，利奥有了 5 对兔子，并且他发现第 3 个月出生的兔子也开始繁殖了。

利奥做了个表格计算在一年后他可以有多少对兔子：

每月的开始	兔子数量（对）		
1	1		
2	1		
3	2		
4	3		
5	5		
6			
7			
8			
9			
10			
11			
12			

一整年后，他会有多少对兔子呢？

答案：144。

我们看下这个表格中的第四个月，已经有了 3 对兔子。1 对是那个月新生的，其余两对至少有两个月大了，它们也可以开始繁殖后代了。

第五个月兔子的数量就是在第四个月兔子数量上再加上第三个月新生兔子的数量，也就是 3 + 2 = 5。这个数列为：

1，1，2，3，5，8，13，21，34，55，89，144，233，377，610，…

有了所有这些兔子，利奥的兔子会充满整个房间！

讨论这个数列的第一个西方数学家是比萨的莱昂纳多，也叫斐波那契，这个数列就叫作斐波那契数列。

非常惊奇的是，斐波那契数列经常出现在我们的日常生活中。

一朵花的花瓣数量就是一个斐波那契数列：

- 3 个花瓣的花：延龄草、百合花、鸢尾属植物
- 5 个花瓣的花：金凤花、野蔷薇、飞燕草、耧斗菜
- 8 个花瓣的花：翠雀
- 13 个花瓣的花：黑心菊、珍珠菌、瓜叶菊
- 21 个花瓣的花：紫菀属植物、大滨菊、菊苣
- 34 个花瓣的花：野雏菊
- 55、89 个花瓣的花：米迦勒雏菊、菊科植物

斐波那契数可以在植物的叶、枝、茎等排列中发现，还出现在松果、向日葵以及菠萝表皮的螺旋数上。

图书

"是的，我们有数学老师的心灵鸡汤。价格为：$475 \div 23 \times 0.018^2 - y^3 + 4x \div 73.99999 + 2$（美元）。"

"科学向自然！"衷心地感谢我们的无与伦比的编辑团队，是他们的热情、认真、批评性建议帮助我们完成了这本非常有趣的书！他们是：

珍妮弗·祖恩，马里兰州肯辛顿

丹尼尔·唐纳森，加利福尼亚州诺卡

诺拉·古德曼，宾夕法尼亚州费城

安德瑞·巴利，华盛顿特区

克里斯汀·弗朗克兹，纽约州纽约市

科泽·赫灵，华盛顿特区

斯庭·鲍尔·达勒博格，华盛顿特区

莫莉·克瑟琳·尼尔森，华盛顿特区

埃拉妮·尼古拉·塞蒙，加利福尼亚州旧金山

摩根·哈罗尼纳，罗得岛州威斯特里

诺恩·巴尔劳得，新泽西州劳伦斯威

埃米莉·舒斯特，马里兰州银春市

数学资源

机构

美国数学学会（American Mathematical Society）
该学会的宗旨是开展数学研究、促进数学教育和推广数学的应用。
www.ams.org

美国统计协会（American Statistical Association）
该协会创建于 1839 年，其宗旨是推动统计学的应用。www.amstat.org

美国数学教师教育者协会（Association of Mathematics Teacher Educators）
该协会创立的宗旨是推动和改进数学教育，特别是高等数学教育。
www.amte.net

美国女数学家协会（Association for Women in Mathematics）
该协会致力于鼓励妇女和女孩从事数学科学。www.awm-math.org

澳大利亚数学学会（Australian Mathematical Society）
该学会提供关于澳大利亚数学研究信息，包括出版物、活动策划以及从事数学研究人员情况。www.austms.ort.au

伯努利数学统计和概率学学会
（Bernouli Society for Math Statistics and Probability）
该学会创建于 1975 年，其宗旨是促进数学统计和概率学的国际交流。
http://isi.cbs.nl/BS/bshome.htm

加拿大数学学会（Canadian Mathematical Society）

该学会与商业界、政府机构、大学、教育机构以及其他数学协会建立了友好伙伴关系。www.math.ca

非洲裔美国数学学会理事会

（The Council for African American in Mathematical Society）

该机构鼓励非洲裔美国人和其他少数民族参与数学科学。

Http//:www.math.buffalo.edu/mad/CAAMRS/CAAMRS-index.html

卡莱数学研究所（Caly Mathematics Institute）

该研究所培养科学家，对优秀的学生提供资助，注重数学研究成果。

www.calymath.org

数学联盟（Consortium for Mathematics）

该联盟致力于提高小学、中学和大学学生的数学教育。www.comap.com

欧洲数学学会（European Mathematical Society）

该学会的宗旨是在欧洲各国进一步开展数学教育。www.emis.de

美国数学协会（Mathematical Association for American）

该协会是美国特别大的专业社团之一，注重培养大学生和研究生的数学教育。www.maa.org

数学论坛（The Math Forum）

该论坛通过做数学游戏、数学工具包、在线教育等方式提高人们对数学的认知。www.mathforum.org

美国数学家协会（National Association of Mathematicians）

该协会致力于推动数学科学。www.nam-math.org

美国数学管理者委员会（National Council of Supervisions of Math）

该委员会为学生提供专业的学习机会，并支持他们的研究成果。

www.mathedleadership.org

全美数学教师理事会（National Council of Teacher of Mathematics）

该理事会是世界上特别大的数学教育机构之一，它服务于小学、中学及大学的教师。www.nctm.org

美国工业与应用数学学会（Society for Industrial and Applied Mathematics）

该学会致力于在不同领域推动数学方法的应用和发展。www.slam.org

精算师学会（Society of Actuaries）

该学会致力于精算数学的发展，并为各种机构提供咨询和解决方案。www.soa.org

大众数学（TODOS: Mathematics for All！）

该机构致力于提高公众高质量的数学教育，特别是对西班牙和拉丁裔学生。www.todos-math.org

有关数学的书籍

40 Fabulous Math Mysteries Kids Can't Resist
Martin Lee, Scholastic, 2001

Brain Quest: Math 1000 Questions and Answers
Mel Jaffe and Chris Welles Feder, Workman Publishing, 2006

Go Figure! A Totally Cool Book about Numbers
Johnny Ball, DK Publishing, 2005

The Grapes of Math: Mind Stretching Math Riddles
Greg Tang, Scholastic Press, 2001

How To Solve It: A New Apect of Mathematical Model
G. Polya, Princeton University Press, 2004

Math Games and Activities from Around the World
Claudia Zaslavsky, Chicago Review Press, 1998

Math Smarts: Tips for Learning, Using, and Remembering Math
Lynette Long, Pleasant Company Publications, 2004

Math Wizardry for Kids
Margaret Kenda and Phyllis S. Williams, Barron's, 2009

Mathematical Scandals
Theoni Pappas, Wide World Publishing, 1997

One Minute Mysteries: 65 Short Mysteries You Solve with Math!
Eric and Natalie Yoder, Science, Naturally!, 2010

Stop Faking It! Math
William C. Robertson, Ph.D., NSTA Press, 2006

Stories with Holes, Volumes 1-20
Nathan Levy, NL Associates, 2005

有关数学的产品和网站

Online Conversion: Convert just about anything to anything else
www.OnlineConversion.com

Calculate Me: Unit Conversion
www.CalculateMe.com

Carolina Mathematics: World Class Support for Science and Math
www.carolina.com/home.do

ENASCO Math Catalog: Fun math supplies for teachers and students alike
www.enasco.com/math

ETA Cuisenaire: Educational manipulatives and supplemental materials
www.etacuisenaire.com/index.jsp

Everyday Math: A rigorous PreK-6 curriculum used across the country
www.EverydayMath.com

GIMPS: Internet Prime Number search
www.mersenne.org

Math Playground: A collection of math manipulatives for growing and learning
www.mathplayground.com

MATHematics illuminated: A 13-part course on the theories, history, and beautyof mathematics
www.learner.org/courses/mathilluminated

Wild About Math!: A blog created to show others the beauty and fun that can be foundin mathematics.
www.wildaboutmath.com

数学竞赛

美洲地区数学联盟竞赛
（American Regions Mathematics League Competition）
该竞赛每年举办一次，学生们可以相互认识、交流，参加比赛。
www.arml.com/index.php

大陆数学联盟竞赛（Continental Mathematics League Competition）
该竞赛帮助学生提高他们阅读能力和解决问题的技能。
www.continentalmathematicsleague.com

课外数学竞赛（Homeschool Math Contests）
该竞赛帮助在家学习的孩子，提高他们对学习数学的兴趣和动力。
www.homeschoolmathcontests.com/default.aspx

国际数学奥林匹克（International Mathematical Olympiad）
该竞赛是世界范围内高中学生数学冠军赛，参赛者来自全球100多个国家。
www.imo-official.org

数学竞赛（Mathematics Competition）
该竞赛致力于帮助和提高年轻人学习数学的能力，掌握数学科学。
www.unl.edu/amc/

数学比赛（MathCounts）
该竞赛是美国的一个为 6～8 年级中学生举办的数学竞赛项目。始于 1984 年，该竞赛通过学校、地区、州级、国家级四级选拔，评选出一个个人冠军和一个团体（州）冠军。
info@Mathcounts.org

曼德布罗特竞赛（The Mandelbrot Competition）
该竞赛覆盖代数、几何、指数、概率、数论和经典不等式。
www.mandelbrot.org

参考表格

公式

周长	$C = 2\pi R = \pi D$	
三角形的面积	$A = \dfrac{1}{2}HB$	
长方形的面积	$A = HB$	
圆的面积	$A = \pi R^2 = \dfrac{1}{2}RC$	
正方体的体积	$V = L^3$	
球的体积	$V = \dfrac{4}{3}\pi R^3$	
圆柱体的体积	$V = \pi R^2 H$	
圆锥体的体积	$V = \dfrac{1}{3}\pi R^2 H$	

方程式

阶乘	$n! = n \times (n-1) \times (n-2) \times (n-3) \times \cdots \times 3 \times 2 \times 1$ 例如：$4! = 4 \times 3 \times 2 \times 1 = 24$
组合	从 n 个不同元素中每次取出 m（$m \le n$）个不同元素。 $$C_n^m = \frac{n!}{m!\,(n-m)!}$$
排列	从 n 个不同元素中每次取出 m（$m \le n$）个元素，按一定顺序排列。 $$A_n^m = \frac{n!}{(n-m)!}$$

转换表

单位	换算	单位	换算	单位
英寸	2.54	厘米	0.39370	英寸
英寸	25.4	毫米	0.03937	英寸
英寸	0.0254	米	39.37008	英寸
英寸	0.08333	英尺	12.0	英寸
英寸	0.2778	码	36.0	英寸
英尺	0.33333	码	3.0	英尺
英尺	0.00019	英里	5280.0	英尺
码	0.00057	英里	1760	码
磅	0.45359	千克	2.20462	磅
盎司	0.06250	磅	16.0	盎司
盎司	0.02835	千克	35.27396	盎司
克	0.00100	千克	1000.0	克
盎司	28.34952	克	0.03527	盎司
克	0.00220	磅	453.59229	克
磅	0.00050	吨（美国）	2000.0	磅
千克	0.00100	公吨	1000.0	千克
磅	0.00045	公吨	2204.62442	磅
千克	0.00110	吨（美国）	907.18500	千克
茶匙	0.33333	汤匙	3.00	茶匙
杯	0.5000	品脱	2.00	杯
杯	0.2500	夸脱	4.00	杯
杯	0.0625	加仑	16.00	杯
品脱	0.5000	夸脱	2.00	品脱
品脱	0.1250	加仑	8.00	品脱
夸脱	0.2500	加仑	4.00	夸脱
液盎司	0.125	杯	8.00	液盎司
汤匙	0.5	液盎司	2.00	汤匙

术语表

_____

横坐标   平面笛卡尔坐标系中一个点的横的坐标，由平行于 x 轴的线段来度量。

锐角   小于 90° 的角。

代数   是研究数、数量、关系、结构与代数方程（组）的通用解法及其性质的数学分支。

运算法则   为达到一个问题的解决方案明确定义的规则或过程。

面积   物体所占的平面图形的大小。

运算   基本数学概念，包括加、减、乘、除及乘方。

算术平均数   是指在一组数据中所有数据之和再除以数据的个数。

二进制   二进制是计算机技术中广泛采用的一种数制，是用 0 和 1 两个数码来表示的数。

卡路里   能量单位，其定义为在 1 个大气压下，将 1 克水提升 1 摄氏度所需要的热量。

圆周   圆的周长。

组合   数学的重要概念之一。从 n 个不同元素中每次取出 m 个不同元素（$0 \leqslant m \leqslant n$），不管其顺序合成一组，称为从 n 个元素中不重复地选取 m 个元素的一个组合。所有这样的组合的总数称为组合数。

分解	数学名词，即和差化积，其最后结果要分解到不能再分为止。
坐标	在一个参考系或者坐标系定义下的一个固定的点的数值。
十进制	一个以十为进制的系统。
分母	分数中分数线下边的那部分，就像 $\dfrac{1}{4}$ 中的 4，分子的除数。
直径	通过圆的中心到圆两边两点间的距离。
位数	一个自然数含有数位的数目。
椭圆	椭圆的标准方程：$\dfrac{x^2}{a^2} + \dfrac{y^2}{b^2} = 1\,(a > b > 0)$。
赤道	围绕地球的一个圆形轨迹，从南极和北极到赤道的距离相等。
指数	指数是幂运算 $a^n\,(a \neq 0)$ 中的一个参数，a 为底数，n 为指数，指数位于底数的右上角，幂运算表示指数个底数相乘。
阶乘	所有小于及等于该数的正整数的积，例如 $4! = 4 \times 3 \times 2 \times 1 = 24$。
有限的	数是有限制的。
几何	对图形的研究。
十六进制	一个以十六为进制的系统。
水平线	一条直线，平行于水平或一条基线。

无穷	没有限制的；没有开始和终点的。
利息	是投资中借款或者贷款的一个比率。
无理数	也称为无限不循环小数，不能写作两整数之比。
纬度	是指某点与地球球心的连线和地球赤道面所成的线面角。
对数	在数学中，对数是对求幂的逆运算，正如除法是乘法的逆运算，反之亦然。
经度	是指地球表面上一个地点离英格兰本初子午线的南北方向走向以东或以西的度数。
数学	对数字的研究。
分子	分数中分数线上边的部分，例如 $\dfrac{3}{4}$ 中的 3。用这个数字除以分数的分母。
钝角	一个角大于 90° 并且小于 180° 。
纵坐标	在笛卡尔坐标系下的 y 轴。
抛物线	平面内，到定点与定直线的距离相等的点的轨迹叫作抛物线，通常表示为：$y = ax^2 + bx + c$。
平行	平面或线与另一个平面或线的距离处处相等。
排列	一组数被选择所有可能方式的个数，不考虑选择的顺序。
直角	于一个界面或线形成直角。
圆周率 (π)	圆的周长和直径的比值，约为 3.14159 或 $\dfrac{22}{7}$ 。

多边形	一个二维的图形并存在三条或三条以上的边。
质数	任何一个只能被自己和 1 整除的正整数。
本金	投资的成本，用来产生利息。
概率	一个数字来表示可能发生的比率，0 表示不可能发生，1 表示一定会发生。
证明	用逻辑的方法去证明一个结论。
四边形	多边形中有四条边的图形。
有理数	一个数能够表示成 $\dfrac{a}{b}$ 这种形式，并且 a, b 都是整数。
平方根	一个数的平方等于 a，那么这个数叫作 a 的平方根。平方根乘以它自己可以得到原来的那个数。例如，25 的平方根是 5 和 −5，因为 $5 \times 5 = 25$ 且（−5）×（−5）= 25。
统计	对数字信息的研究。
对称	指图形或物体两对的两边的各部分，在大小、形状和排列上具有一一对应的关系。
顶点	两条边的交点，或三个或多个平面形成三维的交点。
垂直的	直上或直下。
体积	一个物质或物体在三维空间所占有的空间大小。

作者介绍

马克·泽维（Marc Zev），机械构造和信息工程领域的工程师，是创新学习基金会的创始人和主席。该基金会是一个非营利组织，致力于提高学生和家长解决难题的能力。泽维先生还拥有"深思产品"（Pensive Products），一种创造教育工具的产品，如"数学拍"，一种专门教授除法的学习工具。泽维先生与他的妻子和两个儿子居住在加利福尼亚州查茨沃思市，他们养了 4 只小鸟和一只狗。

凯文·塞格尔（Kevin B. Segal），加州大学富尔顿分校数学学士和应用数学硕士。他在加州大学完成了 4 年的应用数学硕士学习。赛格尔先生是精算师协会的会员，现在的工作就是与数字打交道。赛格尔先生与他的妻子和儿女生活在加利福尼亚州查茨沃思市。

那森·利威（Nathan Levy），多产作家。他的作品包括：《孔的故事》（*Stories with Holes*）《谁的线索》（*Whose Clues*）和《101 个应该知道的科学问题》（*101 Things Everyone Should Know About Science*）。作为教师和校长，那森与学生、教师和家长打交道 35 年，现在是知名的教育家。他辅导过 30 多位校长、督学，并培训了数千名教师，给他们讲授如何激发孩子们对学习的热情。那森居住在纽约州，他们经常为教育工作者和家长举办研讨会。

中文版说明

　　《101个应该知道的数学问题》是美国科学教师协会向美国学生推荐的课外学习读物，面向美国 K-12 学生。但书中大部分数学概念是面向国际学生的，书中使用的量和单位基本上采用了英制计量单位。为了完整地了解和学习这些有趣的数学问题，我们在图书的翻译和编辑过程中，保留了原书的计量单位，以便读者能原汁原味地理解和学习这些数学概念，并回答这些有趣的数学问题。原书附录中已经列出书中所涉及的不同制度的量和单位的转换表，为了方便中国读者阅读，中文版补充了英制单位与国家法定计量单位换算表（见第 218 页），以方便读者查阅。

计量单位换算表

英制单位	法定计量单位
（1）长度	
1 英寸	2.54 厘米
1 英尺	0.3048 米
1 英里	1.6093 千米
1 码 =3 英尺	0.9144 米
（2）面积	
1 平方英寸	6.4517 平方厘米
1 平方英尺	0.0929 平方米
1 平方码 = 9 平方英尺	0.8361 平方米
1 英亩 = 4840 平方码	4046.86 平方米
1 平方英里 = 640 英亩	2.5899 平方千米
（3）质量	
1 磅 = 16 盎司	0.4536 千克
1 盎司 = 16 打兰	28.3495 克
（4）容积	
1 品脱（英）= 4 及耳（英）	5.6826 分升
1 夸脱（英）= 2 品脱（英）	1.1365 升
1 加仑（英）= 4 夸脱（英）	4.5460 升
（5）温度	
摄氏度 =（华氏度 − 32）／ 1.8	
华氏度 = 32 + 摄氏度 ×1.8	